Co-Autorinnen

Sylvia Annett Bräuning, Monika Färber, Franziska Förster,
Christine Haider, Eva Laspas, Julia Loder, Birgit Lütkehölter,

In ihrem Buch „die Unternehmerin – Businessaufbau. Mit Strategie und Intuition“ bringt Petra Polk den Aufbau und Ausbau des eigenen Business auf den Punkt. Kurz, aber fundiert zeigt sie anhand ihrer eigenen Erfahrungen aus dem Aufbau ihrer Personen- und Unternehmensmarke, wie es Frauen gelingt, mit selbstständiger Arbeit genau das Leben zu leben, von dem sie träumen.

„Das muss nicht die Million auf dem Konto sein, wichtig ist, dass du glücklich und erfüllt bist“, sagt die Autorin, die seit nunmehr 21 Jahren mit ihren Unternehmen auf dem Markt ist. „Ich habe nicht immer so gedacht, sondern bin erst in den letzten Jahren durch meine Persönlichkeitsentwicklung zu diesem Punkt gekommen.“

Damit auch du glücklich und erfüllt dein Leben führen kannst, braucht es ein maßgeschneidertes Businesskonzept, das sich selbst und dich gut ernährt. Um das zu erreichen, braucht es Klarheit. Wie du zu dieser Klarheit für dein Business kommst, erfährst du in diesem Ratgeber, kurz und knackig – eben auf den Punkt gebracht.

Zusätzlich hat Petra Polk zehn Autorinnen eingeladen, mit ihrer Expertise einzelne Bereiche vertiefend darzustellen.

Petra Polk ist Mentorin, Speakerin, Bestsellerautorin und Verlegerin. Von namhaften Veranstaltern, Messen und Unternehmen wird sie für Keynotes und Vorträge gebucht.

Das Erfolg-Magazin hat sie 2019–2023 zur Expertin für Frauen und Erfolg als eine der Top 100 Trainerinnen & Influencer ausgezeichnet und als einen der 500 wichtigsten Köpfe der Erfolgswelt nominiert.

die Unternehmerin – Businessaufbau

Mit Strategie und Intuition.

Petra Polk

Co-Autorinnen:
Sylvia Annett Bräuning, Monika Färber, Franziska Förster,
Christine Haider, Eva Laspas, Julia Loder, Birgit Lütkehölter,
Corina Puskaric, Sabine Sobotka, Sabrina Ünal

Petra Polk Verlag, Kastellaun

Impressum:

ISBN 978-3-9824354-1-1 (Taschenbuch)
ISBN 978-3-9824354-2-8 (eBook)
ISBN 978-3-9824354-3-5 (Hardcover)

Petra Polk Verlag
Südstrasse 34
56288 Kastellaun
petrapolk.com
Telefon: +49 171 35 35 552

Covergestaltung, Layout innen: Antje Grube
Coverbild: canva

„Glaube an dich, wer sonst.“

Inhaltsverzeichnis

Von der Tellerwäscherin zur Unternehmerin

Im Laufe der Jahre habe ich vieles gesehen, ausprobiert, bin in „Fettnäpfchen“ getreten und habe wieder weitergemacht. Krisen und Herausforderungen haben mich und meinen Erfahrungsschatz wachsen lassen. Heute teile ich diese Erfolgstipps mit meinen Mentees und hier mit dir.

Ich stamme aus einer wohlbehüteten Arbeiterfamilie aus Wittichenau, Sachsen, 60 km entfernt von Dresden. Den Traumstudienplatz bekam ich nicht, weil angeblich meine Stimme dafür nicht taugte. Aus dieser Enttäuschung entstand mein Motto „Aufgeben ist keine Option“, das mich bis heute begleitet.

Also begann ich im Einzelhandel, das Einzige, was sich damals anbot, gründete zur gleichen Zeit meine Familie und bekam zwei Kinder. 1990 wurde ich eine der ersten Arbeitssuchenden nach der Währungsreform und legte daraufhin eine steile Karriere im Vertrieb einer männerdominierten Branche hin.

Dann hatte ich keinen Bock mehr. Mein Arbeitstag war zu straff organisiert, zusätzlich langweilte mich der Job. Alle sechs Wochen im Außendienst der Gewürzbranche zu den gleichen Kunden zu fahren, nachts die Buchhaltung für meinen Mann zu organisieren, das war mir zu wenig Inspiration. Deshalb bekam ich Lust, „mein eigenes Ding zu machen". Und da die Firma meines Mannes für Gastronomie und Großkücheneinrichtung damals bereits drei Jahre am Markt war, konnte sie unser Leben finanzieren.

Also kündigte ich 1998 den hoch bezahlten Vertriebsjob mit Dienstwagen und stolperte in meine erste Selbstständigkeit. Die Idee für mein erstes Business, ein Dienstleistungsunternehmen, kam aus dem Bedarf der Kunden meines Mannes: Geschirrverleih für Partys, mit der Besonderheit, das Geschirr schmutzig zurückzugeben.

Vom ersten Existenzgründerseminar gibt es ein Erinnerungsstück. Ein kleines grünes Büchlein „Der Weg zu dir selbst" von Dr. Karin und Dr. Bernd Rasmussen. Es hinterließ dermaßen Eindruck, dass ich es aufhob und heute, 2023, erkenne: „Ja, die 25 Jahre Aufbau meines Unternehmens, gepaart mit allen privaten Ereignissen, waren der Weg zu mir selbst."

Dieser Schritt war mutig, und mein Umfeld zeigte dafür kaum Verständnis. Das Wohl unserer Familie hing von den eigenen Betrieben ab. Und dann machte ich erstmal nachts nicht nur die Buchhaltung, sondern stand zusätzlich in der Spülküche.

Mach dein Ding und lass sie reden.

Ich begann mein Business mit nichts, hatte keine Visitenkarten und Webseite, weder Flyer noch Social-Media-Kanäle. Was ich aber hatte, waren Kontakte und Mund-zu-Mund-Propaganda. Und das hat funktioniert, nach dem

Motto: „Tue Gutes, rede darüber und freue dich über Empfehlungen."

Ein Jahr später erweiterte ich den Partygeschirrverleih. Der Bedarf entstand aus der Nachfrage, wie so häufig bei mir. Meine Kunden fragten immer öfter danach, nicht nur das Geschirr zu mieten, sondern gleich das Essen auf den Tellern mitgeliefert zu bekommen. Das lag praktisch auf der Hand und brauchte kaum Vorbereitung. Denn kochen hatte ich sowohl von meiner Mama als auch in den acht Jahren im Gewürzvertrieb gelernt. Die Utensilien konnte ich vom Betrieb meines Mannes verwenden.

Meine erste Visitenkarte für den Partyservice konzeptionierte ich selbst und habe mir ein Exemplar aufgehoben. Sie ist farbig, was damals als Besonderheit galt, und der Slogan war so einprägsam, dass er mir immer noch gefällt: „Das Auge isst mit." Für die Ausfertigung beauftragte ich eine Druckerei.

Meine ersten Aufträge waren Familienfeiern, da wurde die typische Hausmannskost bestellt, von Buletten bis Hähnchenkeulen, Geschnetzeltes war damals schon was Besonderes. Allerdings war das nicht, was ich kochen wollte. Meine Idee waren exklusive Speisen und nicht so nullachtfünfzehn. Leider kamen dafür keine Anfragen. Heute weiß ich, warum. Es war die falsche Zielgruppe.

Natürlich lief nicht gleich alles am Schnürchen. Die erste Herausforderung war: Meine kleine Familienküche reichte rasch nicht mehr aus. Wir hatten sogar schon ein Firmengebäude gekauft, leider stellte sich heraus, der Sanierungsbedarf war zu groß, um in Kürze Küchenräume zu schaffen. Über mein Netzwerk fand sich die Lösung: Die Nachbarin dieser Immobilie war die Frau des Bürgermeisters und er wusste, wo ich eine Küche mieten konnte. Gesagt, getan, die Räumlichkeiten waren da, bereit für größere Bestellungen.

So lief es dahin. Der größte Auftrag war, 250 Personen bei der Schulabschlussfeier meiner Tochter zu verköstigen. Doch der saure Drops dabei war: Alle Eltern saßen gestylt im Raum, nur ich rockte in Küchenkleidung ums Buffet. Warum ich mir nicht freigenommen hatte? Das ging nicht ohne Mitarbeiter! Denn eins war klar, bei 250 Gästen packte meine ganze Familie mit an.

Der Partyservice machte Spaß, doch nach zwei Jahren wurden mir die Küchenräume gekündigt, gleichzeitig kamen private Veränderungen und damit unser Umzug ins 60 km entfernte Dresden dazu. Also hieß es: Partyservice ade. Und zeitgleich schloss das Unternehmen meines Mannes aufgrund eines fünfstelligen Forderungsausfalls.

Danach verkauften wir Fertighäuser und eroberten uns damit ein neues Berufsfeld. Damals wie heute bin ich der Meinung: Ist das Produkt gut, kann ich alles verkaufen.

Es war ein gemeinsamer Neustart. Wir bekamen ein Musterhaus als Büro auf den Hängen der Stadt und betreuten es von Montag bis Sonntag. Es war wunderschön gelegen, mit Blick über Dresden, allerdings verbrachten wir mehr

Zeit dort als in unserer Wohnung. Wir arbeiteten damals selbst und ständig, auch, wenn andere freihatten, sprich meist am Wochenende. Das belastete die Familie stärker, als es uns bewusst war.

Schließlich kam etwas auf uns zu, was wir nicht gewusst hatten: Bei Provisionszahlungen für Häuser dauert es etwa 12 Monate vom Verkauf bis zur Auszahlung! 2003 kam das große Hochwasser der Elbe und die Menschen hatten andere Sorgen, als ein Haus zu kaufen. Sie waren froh, wenn sie trockene Füße hatten.

Nach zwei Jahren Verkauf von Fertighäusern wussten wir: Es hat Spaß gemacht, wir haben verkauft, doch da es aufgrund unserer Vorgeschichte keine finanziellen Rücklagen gab, konnten wir nicht weitermachen.

2003 erstes Business – Ade!

Meine erste Selbstständigkeit dauerte von 1998 bis 2003. Warum? So hatte ich mir das nicht vorgestellt. Dann lieber doch „Sicherheitsnetz Anstellung"!

Nachdem drei Geschäftsbereiche nicht so gefruchtet hatten, dass wir ruhig schlafen konnten, wollte ich mich wieder auf eine Anstellung bewerben. Vertrieb war klar, denn ich liebe Verkaufen. Doch welche Branche?

Ich konnte mir Pharma oder Versicherung aussuchen, wählte dann die Versicherungsbranche bei einem großen deutschen Konzern.

Mein inneres Ich hatte mir damals geraten, mich fürs Geld zu entscheiden. Ich machte auf dem zweiten Bildungsweg eine Ausbildung zur Versicherungsfachfrau und meinte, mich jetzt wieder in die Hängematte des finanziellen Sicherheitsnetzes legen zu können.

Weit gefehlt. Alle Agenturinhaber des Konzerns, wo ich meine praktischen Ausbildungen machte, waren Männer und der Arbeitstag war wieder streng strukturiert. An zwei Ausbildungstage erinnere ich mich besonders. Im Januar 2004 bei minus 18 Grad in einer ländlichen Region mit vier Kollegen ausgesetzt zu werden, an wildfremden Haustüren zu klingeln und dafür zu sorgen, ein Verkaufsgespräch zu bekommen. Puh, heute sage ich mir, das war eine ganz schöne Mutprobe. Mittlerweile macht das kein Mensch mehr, abgesehen davon, dass es nicht funktionieren würde. Aber diese Erfahrung hat etwas mit mir gemacht.

Das Gegenteil war dann im Sommer, bei 38 Grad im Schatten, im Kostümchen zum Ausbildungstag in der Direktion zu erscheinen, wo alle mit Eis im Biergarten saßen und wir overdressed dahinschmolzen.

Die Ausbildung hatte ich bestanden, bekam einen Aufgabenbereich, eine sehr bodenständige Chefin als Bezirksleiterin und ging meinen Weg weiter. Nachdem mein Mann sich 2004 von mir getrennt hatte, ließ ich mich als frischgebackener Single innerhalb des Konzerns nach München versetzen, um mir dort meinen Traum vom Leben zu erfüllen.

Dass im gleichen Konzern im Bundesland Bayern die Uhren komplett anders tickten, damit hatte ich nicht gerechnet. Sowohl Chefs als auch Kunden konnten mit Preußenmädels nichts anfangen. (Zur Erklärung: Für Bayern ist alles, was nördlich des Weißwurstäquators liegt, Preußen. Und von denen kauft man nix.)

Na ja, so schlimm war es dann doch nicht, nur ungewohnter für mich als in Sachsen. Meine Karriere wäre in Dresden sicher anders verlaufen, aber, wie ich gerne sage: „Hätte, könnte, Besenkette", und heute weiß ich: Alles hat einen Grund und ist für etwas gut.

Damit ich meinen Traum, in Bayern zu leben, verwirklichen konnte, brauchte es immer mindestens *einen* Nebenjob, meist zwei. Dazu gehörten, um sechs Uhr morgens Regale im Drogeriemarkt einzuräumen und am Wochenende um vier Uhr mit Mandel-Hans auf Sonntagsmärkte zu fahren. Schon da fand ich es traurig, dass das Leben in München, besser gesagt am Rand der Großstadt, mit *einem* Vollzeitjob nicht zu finanzieren war. Da ich mir zum damaligen Zeitpunkt nicht vorstellen konnte, dort jemals wieder wegzugehen, war ich mir zu nichts zu schade, um mein Traumleben zu führen.

Es dauerte vier Jahre, bis ich endlich verstand, was mein Körper mir schon lange signalisierte. Vor lauter Selbstdisziplin, Ehrgeiz und Fleiß hatte ich alle seine Hinweise übersehen. „Petra, so geht es nicht weiter!" Was mich störte, waren nicht die Nebenjobs, sondern die mentalen Belastungen im Brötchenjob.

2006 bis 2007 lief ich von Arzt zu Arzt, vom Röntgen zum MRT, vom Bluttest zum EKG, mit Diagnosen von Rheumaverdacht bis hin zur Psychotherapie. Doch keiner konnte was finden. Und so machte ich weiter mit meinen Jobs.

Dann kam der Tag, an dem ich in München auf dem mittleren Ring stand, zitterte und furchtbare Schmerzen hatte. Die Tränen liefen mir übers Gesicht und ich wusste nicht, wie ich die letzten fünf Kilometer nach Hause fahren sollte, so schlecht war mir. In diesem Moment war mir eins klar: So geht es nicht weiter. Ich kündige, und zwar sofort.

Ja, das tat ich, doch nur, weil ich wieder in einer Partnerschaft lebte und mein Mann die Miete bezahlte. Zuerst meldete ich mich arbeitssuchend und setzte durch, dass es keine Sperrfrist gab, da Gesundheit vorgeht. Arztatteste waren nicht schwierig zu besorgen, waren doch die Wartezimmer verschiedener Fachärzte 12 Monaten lang wöchentlich stundenlang mein Zuhause gewesen. Obwohl ich nicht wusste, wie es weitergehen sollte, war mir klar: Nie wieder eine Anstellung! Und so hielt ich die Augen für neue Chancen offen.

Zwei Kilometer von meiner Wohnung entfernt parkten bei einem wunderschönen Villenanwesen jedes Wochenende große Autos. Dort stiegen gut gestylte, zufrieden wirkende Männer und Frauen aus, Letztere so 20 Prozent. Am Türschild stand: Finanzvertrieb.

Ich dachte mir: „Kann ich, habe ich die vergangenen vier Jahre gelernt!“ Gesagt, getan. Ich recherchierte im Internet, wer das war, und schickte meine Bewerbung hin. Es kam zu einem Vorstellungsgespräch, um die Rahmenbedingungen zu klären, dann beantragte ich zum zweiten Mal den Existenzgründerzuschuss[1] und schon hatte ich mein neues Business. Allerdings mit einem Sicherheitsnetz aus Provisionsvorschüssen und meinem zweiten Mann, der Anfangs die privaten Fixkosten übernahm.

Am 5. Oktober 2007 war der Start meiner zweiten Selbstständigkeit, damals die einzige Möglichkeit, rasch einen ordentlichen Lebensunterhalt zu verdienen.

Um in einem Finanzvertrieb erfolgreich zu sein, braucht man Kontakte und einen großen Kundenstamm. Den hatte ich aber nicht. Jeder, der das schon einmal gemacht hat, weiß, wovon ich spreche. Aus meiner vorherigen Arbeit waren mir die 20 Prozent treuer Kunden gefolgt, für die Preußenmädels durchaus Hirn im Kopf haben, doch es mussten dringend neue Mandanten her. 2008 hatte ich alle Bestandskunden versorgt, eine ellenlange Liste an Altkontakten einer Kollegin abtelefoniert und wusste nicht mehr ein noch aus. Wem sollte ich Produkte verkaufen?

Damals hatte ich ein großes Vorbild: meine Sponsorin. Sie war Perserin, hatte Feuer im Hintern und war äußerst erfolgreich. Sie fing mich auf, als ich eines Tages heulend im Büro des Finanzvertriebs in Grünwald (im Süden von München in einer gehobenen Wohnregion) saß und nicht wusste, wo die nächsten Einheiten[2] herkommen sollten.

---

[1] Das ging damals, wenn man mindestens zwei Jahre in Anstellung war und aus der Arbeitslosigkeit kam.

[2] So sprach man in dieser Branche von Umsätzen.

„Petra, du musst rausgehen, neue Kontakte knüpfen!", riet sie mir.

Warum nicht, dachte ich, hatte aber keine Ahnung, wie das möglich sein sollte. Im Rückblick kann ich sagen, damit begannen meine ersten Netzwerkschritte, um neue Businesskontakte zu knüpfen.

Ich erinnere mich noch gut an mein Gefühl, als ich das erste Netzwerkevent mit mir komplett fremden Menschen besuchte. Wie sollte ich mit den Leuten ins Gespräch kommen? Worüber mich mit ihnen unterhalten?

Es war leichter als erwartet. Die Gastgeber hießen alle willkommen und brachten mich mit potenziellen Geschäftspartnern in Kontakt. So fand ich Gefallen am Netzwerken und besuchte 2008 jede Woche mindestens eine Netzwerkveranstaltung. Dabei schaute ich mir Verschiedenstes an: Frauennetzwerke, Events, Vernissagen, Afterworkpartys und Frühstücksnetzwerke. Ja, ich habe mich drei Mal zu 6:45 Uhr zu einem Netzwerkevent bemüht, obwohl ich keine Frühaufsteherin bin und es auch nicht werde.

Nach 12 Monaten zog ich Resümee und stellte fest: Diese Events waren alle nett, aber es war nichts dabei gewesen, wo ich mich dauerhaft aktiv einbringen wollte. Bei einem passten Uhrzeit und Zwänge nicht, einige Frauennetzwerke waren mir zu „kuschlig" und zu wenig Business. So kam ich zu der Erkenntnis: Die Veranstaltungen hatten mich gut ans Netzwerken herangeführt, aber ich hatte nichts gefunden, was wirklich zu mir und meinen Vorstellungen passte. Da beschloss ich, eigene Netzwerkevents zu organisieren.

Dazu stelle ich mir erstmals die Frage: Für wen? Und wie sollten sie ablaufen? Schnell war klar: Für selbstständige Frauen und ich wollte sie unbedingt moderiert gestalten.

Gesagt, getan. Am 09. Februar 2009 gab es das erste von mir organisierte Netzwerkevent, im Süden von München (Taufkirchen). Sieben Frauen folgten meiner Einladung. Da ich schon immer für Kontinuität stand, war von Anfang an klar, jetzt wird es jeden Monat ein Netzwerktreffen von mir geben.

Nach dem ersten Treffen schwankte die Teilnehmerzahl zwischen vier und 24, und es gab regelmäßig fachlichen Input. Der Umschwung kam bei meinem siebenten Event am 09.09.2009. Die Referentin damals war Marketingexpertin Algunda de Reuter mit dem Thema: „Verkaufen ist die Kunst, Begehrlichkeit zu wecken". Ihre Persönlichkeit und der Inhalt des Vortrags begeisterten alle 16 Teilnehmerinnen und mich dermaßen, dass wir uns einen Ganztagsworkshop mit ihr wünschten. Im Anschluss sprachen Algunda und ich über die Workshop-Planung. Sie sagte zu mir: „Petra, ich finde das eine supercoole Idee, was du hier machst. Kann ich dich dabei unterstützen oder können wir damit ein gemeinsames Projekt starten? Hast du Lust?" Ich war so happy, dass sie meine Netzwerkevents cool fand. „Wie genial ist das denn?" Und ging mit ihrem Vorschlag die nächsten Tage schwanger.

Wenn ich Entscheidungen abwäge, mache ich mir immer eine Plus-Minus-Liste. Was spricht dafür? Was dagegen? Die Punkte auf der Plusliste überwogen damals. Sie lauteten:

Zwei Frauen haben mehr Kompetenzen und Ideen als eine alleine, außerdem macht es gemeinsam viel mehr Spaß. Algunda war Marketingexpertin und übernahm das Marketing, ich selbst war bis dahin eher die Vertriebsexpertin. Nachdem die Entscheidung getroffen war, erschufen wir auf Basis meiner Startaktivitäten einen Leitfaden.

In den Monaten, die dann folgten, entwickelten wir das erste Konzept unserer Community. Der Name „W.I.N Women in Network®" und das Logo sind von Anfang an beständig. (Letzteres entstand in der Straßenbahn von Grünwald nach München.) Inhaltlich haben sich innerhalb der Jahre sowohl Konzept als auch Zielgruppe immer wieder etwas geändert.

Im Dezember 2009 stellten wir im Rahmen eines Weihnachtsevents in einer wunderschönen Villa in Grünwald im Münchner Süden erstmals die Idee unseres Netzwerks vor. Zeitgleich wollten wir bei der Zielgruppe hineinspüren, wie W.I.N Women in Network® ankommt. Von 50 Teilnehmerinnen entschieden sich sofort sieben: „Da bin ich gern dabei!"

Die offizielle Eröffnungsveranstaltung folgte dann am 2. Februar 2010 in München mit 50 Frauen, Catering,

Tombola und Präsentation des W.I.N-Netzwerkes. Es gab genügend Raum zum Netzwerken und Feiern.

Ich erinnere mich noch genau: Ein roter Teppich war ausgerollt, vor der Mensa des Firmengebäudes bis in die Cafeteria, wo unser Event stattfand. Die Frauen kamen voller Vorfreude und wir bebten vor Lampenfieber. Ich hatte mir jedes Wort aufgeschrieben und meine Knie zitterten vor Aufregung.

Die ganze Story der Unternehmensmarke W.I.N Women in Network®, die seit 2011 eine eingetragene Wort-Bildmarke ist, kannst du hier lesen:

Wie ging es weiter mit meiner Selbstständigkeit?

Damals war es so: 50 Prozent der Businesszeit investierte ich in die Finanzberatung und die anderen 50 in W.I.N Women in Network®. Die Beratung lief nach zwei Jahren, ich konnte gut davon leben. Also reinvestierten wir die gesamten Einnahmen des Frauennetzwerks, was uns schnelles Wachstum ermöglichte.

2010 bis März 2012 lief es wie „geschnitten Brot“. Die Finanzberatung wurde immer lukrativer, das Netzwerk fand in der gesamten DACH-Region super Anklang und wuchs auf 220 Mitglieder.

Bis am 13. März 2012 um 10 Uhr vormittags der Anruf kam, der alles veränderte. Es scheint mir wie gestern. Ich saß in meinem Büro des Dachgeschosses unseres Reihenhauses in Kirchseeon im Osten von München, die Sonne schien und am Telefon war die Polizei: „Frau Polk, haben Sie mit Algunda de Reuter zusammengearbeitet? Wir haben Ihren Flyer in der Wohnung gefunden."

„Ja, habe ich."

„Wir müssen Ihnen mitteilen, dass Frau de Reuter verstorben ist. Dürfen wir Sie jetzt vernehmen?"

Schockstarre, und es war sicher einige Minuten still auf meiner Seite. Ich weiß noch, dass ich gesagt habe: „Nein, rufen Sie in zwei Stunden wieder an."

Jetzt wirst du dich fragen: „Polizei? Vernehmen?" Ja, Algunda hatte Suizid begangen, was ich hier erstmals kommuniziere. Warum sie das tat, weiß ich nicht genau. Deshalb möchte ich mich dazu nicht äußern. Wichtig zu wissen ist, das Netzwerk und ich waren ihr eine große Stütze, allerdings gab es davor keinerlei Anzeichen, sodass wir es hätten verhindern können.

Hätte sie sich uns mit ihren Sorgen anvertraut, wäre es unter Umständen anders gekommen. Doch ihre Etikette nach Außen ließ es nicht zu.

Wenn du dich fragst: „Warum erzähl ich es jetzt?" Um dir Mut zu machen: Suche dir in herausfordernden Situationen vertraute Menschen und teile deine Sorgen mit ihnen. So wird es für dich leichter. Für mich selbst ist es befreiend, mit anderen über Schwierigkeiten zu sprechen, denn oft finde ich die Lösung schon während des Gespräches.

Ich hatte damals eine wunderbare Geschäftspartnerin verloren und eine Freundin. Und das Netzwerk eine geschätzte Frau. Die erste Person, der ich es mitteilte, war mein Mann. Algunda war eine Freundin unserer Familie geworden, so manche Stunden hatten wir bei Ausflügen, beim Grillen und Klönen verbracht. Er war geschockt, ihm liefen die Tränen und dann weinten wir gemeinsam. Mein Gedanke war: „Wie sag ich es der Community? Was mache ich mit den nächsten Events? Sag ich ab oder nicht?"

Die ersten Gesprächspartnerinnen aus dem Netzwerk waren unsere Webdesignerin, die uns die letzten 12 Monate sehr unterstützt hatte, und ein Member, eine Pastorin. Mit ihnen beratschlagte ich mich, wie es weitergehen sollte.

Ein Satz von Algunda, den ich heute immer noch nutze: „Es gibt für alles eine Lösung, auch wenn ich jetzt gerade nicht weiß, wo sie ist." Ja, so ist es. Es gibt immer Lösungen, trau dich, Hilfe anzunehmen!

Wir alle waren traurig. Doch Schlimmes hat auch etwas Gutes. In die Community brachte es neben der Trauer einen wunderbaren Zusammenhalt und für mich viel Unterstützung. Jeder wollte, dass es weiterging.

Direkt am nächsten Tag hatten wir eine Veranstaltung in Düsseldorf. Flug und Hotel waren gebucht, allerdings stellte ich mir die Frage: „Absagen oder durchführen?“ Schließlich sagte ich nicht ab, was übrigens nicht alle gut fanden, aber der Todesfall lag wie ein dicker, fetter Kloß in meinem Hals. Ihn erstmals öffentlich auszusprechen, war für mich ein schwerer Schritt. Die Member zeigten wahres Mitgefühl und wir hatten einen besonderen Abend mit viel Liebe und tiefen Gesprächen.

Direkt am Tag von Algundas Tod hatten wir an die Community eine Mail mit der traurigen Nachricht gesendet. Man spendete Anteilnahme und überschwemmte uns mit Hilfsangeboten. Doch es gab nicht nur Sonnenschein. 2011 hatten wir unsere ersten Schritte in Facebook gemacht. Ich wusste genau, Algunda hätte nie gewollt, dass ihr Tod dort öffentlich „ausgewalzt“ wird. Also tat ich es nicht. Dafür gab es Nötigungen, Shitstorm und verbale Angriffe.

Damals spürte ich erstmals, was es heißt, ein starkes Netzwerk im Rücken zu haben. Einige Mitglieder der Community übernahmen ehrenamtlich Aufgaben und ich erfuhr auch viel Unterstützung von meiner Tochter. Sie war bald mit 10 Stunden im Monat meine erste Assistentin. Besonders freut mich, dass sie meinem Unternehmen und mir bis heute treu geblieben ist.

Durch dieses Ereignis musste ich mich allein um zwei Betriebe kümmern. Beide zu führen, konnte ich mir damals nicht vorstellen, trotz der Hilfe anderer. Eine Entscheidung zu treffen, fiel mir nicht leicht. Die Finanzberatung hatte ich so aufgebaut, dass sie lief. Das Frauennetzwerk hatte 220 Mitglieder, die ich nicht enttäuschen wollte, denn sie taten alles, um es zu erhalten.

Aus heutiger Sicht wäre es möglich gewesen, beide Unternehmen gemeinsam zu führen, doch meine Persönlichkeit war noch nicht so gereift. Weil ich fürchtete, meinen Mandanten nicht mehr ausreichend Aufmerksamkeit geben zu können, entschied ich 2013, die Finanzberatung aufzugeben.

Bei W.I.N schufen wir daraufhin gemeinsam mit Partnerinnen neue Strukturen in verschiedenen Städten, im Backoffice hatte ich Unterstützung von unserer damaligen Webmasterin Gabriele und meiner Tochter als Assistentin.

Aus Anfragen und dem Bedarf rund um W.I.N entstand 2013 zusätzlich meine Positionierung als Speakerin und Mentorin. Zahlreiche Bühnen haben in den folgenden Jahren dazu beigetragen, dass die Community als Netzwerk und ich als Persönlichkeit bekannter wurden. So baute ich seit 2013 neben der Unternehmensmarke W.I.N Women in Network® auch die Personenmarke *Petra Polk* auf und aus.

2015 erschien mein erstes Buch „Like, so netzwerken Sie sich an die Spitze!“

Das ist eine eigene Geschichte. Seit 2011 kreisten meine Gedanken um: „Ich möchte ein Buch schreiben.“ Damals gab es viele Menschen, die zu mir sagten: „Was willst du mit einem Buch? Damit wirst du nicht reich! Du kannst das nicht!“

Doch mein Wunsch war stärker. Am 13.11.2011 kaufte ich am Flughafen in Düsseldorf den Ratgeber meiner Autorinnenkollegin Gudrun Fey „Kontakte knüpfen und beruflich nutzen“. Ich schlug ihn auf. Es gab 159 Seiten Text und viele Notizenseiten. Mein erster Gedanke war: „Das schaffe ich auch!“

Gesagt, getan. Ich begann, direkt in das Buch meine Ideen zu notieren. Doch es sollte vier Jahre dauern, bis das Manuskript reif war. Das Gefühl, als ich mein allererstes Buchbaby in den Händen hielt, war unbeschreiblich. Heute bin ich stolz auf mich, dass ich diesen Schritt getan und durchgehalten habe. „Einmal Autorin, immer Autorin“, ist nun mein Motto.

Die folgenden Jahre waren von vielen Erfolgen, aber auch von Herausforderungen geprägt. Privater und geschäftlicher Natur. Mein Motto „Aufgeben ist keine Option“ trug mich über diese Zeit. Denn eins war klar: „Es gibt für mich keinen Weg zurück in die Anstellung.“

- Jede Schwierigkeit und das Weitermachen haben mich einen großen Schritt weitergebracht und meine Persönlichkeit wachsen und reifen lassen.

- Neben meiner Tätigkeit als Mentorin werde ich für Vorträge gebucht, bin Verlegerin, Autorin und Unternehmerin zweier starker Marken. Ich führe ein Team von Mitarbeiterinnen, Freiberuflerinnen sowie Projekt- und Franchisepartnerinnen.

- Das Konzept von W.I.N hat sich in den Jahren immer wieder verändert, doch der Grundgedanke ist geblieben: Frauen zu verbinden und ihnen am Markt eine Stimme zu geben.

- 2017 kamen die W.I.N Agentur, die W.I.N Akademie und die W.I.N Medien mit dem Erfolgsmagazin „die geWINnerin“ und Gemeinschaftsbüchern dazu. Bis heute haben wir neben tausenden Netzwerkevents acht große Kongresse mit insgesamt 1550 Frauen veranstaltet. Wir konnten namhafte Marken als Partner für unsere Community gewinnen und seit 2016 ist W.I.N Women in Network® ein Unternehmen mit Franchisekonzept, das dir die Möglichkeit gibt, Partnerin zu werden und dir damit ein eigenes Business aufzubauen.

- Die Marke Petra Polk ist gewachsen und erwachsener geworden. Heute unterstütze ich als Mentorin für weiblichen Erfolg im Business Frauen, die sich ein selbstbestimmtes, sinnerfülltes und glückliches Leben wünschen. Das ist auch der Grund, warum ich dieses Buch für dich schreibe. Meine große Vision ist es: Jede Frau auf der Welt kann genau das Leben führen, das sie sich wünscht.

- In den letzten Jahren durfte ich mit meinen Erfahrungen, meinem Wissen und Netzwerk als Mentorin tausende Frauen auf ihrem Weg begleiten, coachen, unterstützen, beraten und verbinden.

Mehr zu mir findest du in meiner Imagebroschüre, die du dir hier downloaden kannst:

Lass deine Wünsche und Träume in Erfüllung gehen

Wenn du dir ein erfolgreiches Business aufbauen, dein bestehendes Unternehmen ausbauen möchtest oder in einem Changeprozess bist, empfehle ich dir, arbeite dieses Buch durch und geh schrittweise in deinem Tempo in die Umsetzung.

Ich wünsche dir, dass deine Wünsche und Träume genauso in Erfüllung gehen, wie du es dir vorstellst.

Deine Petra

Ist-Analyse

Was du denkst und fühlst, wird in dein Leben kommen.

Bevor wir ins Thema Businessaufbau einsteigen und du erfährst, wie du dir mit Freude und Leichtigkeit ein erfolgreiches Business aufbaust, lass uns für dich eine Ist-Analyse machen:

Wo stehst du gerade?

Nimm dir jetzt Zeit, genau deine IST-Situation zu betrachten, bevor du weiterliest. Ich habe hier notiert, welche Fragen du dir stellen kannst. Trifft einer oder mehr der folgenden Punkte auf dich zu?

1) Raus aus deinem Jobfrust

- Du hoffst am Montag schon, dass bald Freitag ist.
- Dein Körper signalisiert dir ständig durch Krankheit, dass du eine Pause brauchst. Du machst einen Job, wo du selbst nichts bestimmen darfst, du eine Marionette bist und erfüllst, was andere dir sagen.
- Du willst Verantwortung übernehmen und eigene Entscheidungen treffen.
- Du möchtest dein Hobby zum Beruf machen und endlich einer Tätigkeit nachgehen, die dich erfüllt.

Dann solltest du darüber nachdenken, ein eigenes Business zu starten. Dazu findest du in diesem Buch den

Leitfaden, wie du es planst und so beginnst, dass du innerhalb von drei Jahren gut davon leben kannst.

In meiner Story hast du gelesen, wie es bei mir war. Ich wollte mich nicht mehr in fremde Strukturen einordnen, morgens um 8 Uhr im Büro aufschlagen und um 17 Uhr wieder heimgehen, sondern selbstbestimmt arbeiten und leben.

Aus eigenen Erfahrungen weiß ich: Wir wollen die Signale nicht wahrnehmen, verweilen gern in unserer Komfortzone und im Sicherheitsnetz. Wir können uns nicht vorstellen, andere Wege zu gehen. Und es gibt genügend Menschen, die sagen: „Bleib mal lieber angestellt, das ist sicherer."

Ich möchte dir Mut machen: Trau dich, deinen eigenen Weg zu finden und mutig zu gehen. Gründe dein Business, baue es dir auf, bleibe dran. Sicherheit gibt es nicht wirklich, auch nicht in einer Anstellung.

2) Du hast schon gegründet

Aber

- dein Business läuft nicht so, wie du es dir vorstellst.
- zur „Sicherheit" hast du noch einen Teilzeitjob.
- dein Partner finanziert dein Leben.
- du fühlst dich überfordert.
- dir fehlen die unternehmerischen Kenntnisse.

Dann findest du mit diesem Buch den Leitfaden, um deinen derzeitigen Weg zu beleuchten und zu schauen, welches die nächsten Schritte sind. Dein Ziel sollte sein, mit deinem Business dein Leben zu finanzieren und den Teilzeitjob, der dich Energie und Zeit kostet, zu kündigen.

3) Du wünschst dir Veränderungen in deinem bestehenden Business

- Du bist seit vielen Jahren Unternehmerin, doch es erfüllt dich nicht.
- Du möchtest dir ein neues Business aufbauen, um dann vom Alten loszulassen.
- Du willst ortsunabhängig arbeiten,
- aus deinem jetzigen Offlinebusiness mit Praxis oder Ladengeschäft ein Online-Business machen.

Dann gehe nochmal Schritt für Schritt durch den Prozess des Businessaufbaus und lass all deine Erfahrungen der letzten Jahre mit einfließen.

4) Du möchtest eine Familie gründen,

- bist schon im Mutterschutz oder
- weißt nicht, wie du mit Kindern deinen Job hinbekommen sollst.

Auch wenn du dir nur flexiblere Arbeitszeiten wünschst, kann für dich eine selbstständige Tätigkeit als Freiberuflerin oder Unternehmerin eine gute Option sein. Denn dann entscheidest du selbst, wann du wo und wie viel arbeitest.

Wie kannst du starten?

Gehe dieses Buch einmal komplett durch und setze die Inhalte aktiv um. Nimm es immer wieder zur Hand und lies nach, ehe du den nächsten Schritt gehst.

Umgib dich mit Menschen, die schon ein erfolgreiches Unternehmen haben. Frage sie, wie es bei ihnen begann und was sie dir empfehlen.

Überlege, was dein Business darstellen soll.

Aufgabe: „Koffer mit einer Million"

Stell dir vor, du bekommst heute von mir einen Koffer mit einer Million Euro, unter der Voraussetzung, dass du trotzdem weiterarbeitest. Was würdest du tun, wenn du nicht arbeiten *musst*, um Geld zu verdienen? Lass deinen Gedanken freien Lauf.

Wenn du herausgefunden hast, worauf du so richtig Bock hast, gehst du in den Vorbereitungsprozess und beschäftigst dich intensiv mit *Kapitel 2*. Nimm das Businesshaus als Leitfaden und beginne, dein Fundament zu kreieren. Ich bin für gute Vorbereitung, bevor du komplett in die Selbstständigkeit springst. Oft ist es möglich, Stunden der Festanstellung langsam zu reduzieren oder Teilzeit die ersten Schritte mit dem eigenen Business zu gehen. Bei mir war es bei beiden Gründungen nicht machbar, doch ich habe für mich dann andere Sicherheitsnetze gefunden.

Nimm dir Mentor*innen, Sparringspartner*innen oder Coaches an deine Seite. So brauchst du nicht in alle Fettnäpfchen zu treten. Eine Mentorin wie ich zum Beispiel kann dich nicht zum Erfolg tragen, doch sie kennt den Weg, findet gemeinsam mit dir Lösungen, zeigt dir Abbiegungen und hilft, Steine aus dem Weg zu räumen. Gehen darfst du natürlich selbst.

Dieser Ratgeber nimmt dich für deine ersten Schritte an die Hand. Ich wünsche dir viel Freude beim Kreieren des eigenen oder neuen Business. Wenn du Hilfe brauchst, findest du meine Kontaktdaten am Ende des Buches.

Business by Design – mit Human Design zu natürlichem Berufserfolg

Weil dein Erfolgsweg so individuell ist wie du.
Von Sabine Sobotka

Manchmal stellt sich der erträumte Unternehmenserfolg nicht gleich ein. Dann (ver-)zweifeln wir und fragen uns: „Wo fange ich an?“, „Was funktioniert wirklich?“ oder „Wie machen das denn die anderen?“

Ich wünschte, jemand hätte mir zu Beginn meiner Selbstständigkeit gesagt, dass ich die Antworten auf die obigen Fragen nicht auf der Jagd nach fremden Karotten finde. Meine Güte, hätte mir das Geld, Zeit, Frust und Nerven erspart!

Mehr als einmal bin ich der Vorstellung erlegen, ein Schema F von Coach XY, das für viele Menschen auf die gleiche Weise funktionieren kann, müsste doch auch für mich ein Kinderspiel sein. Bis ich eines Tages erkannt habe, was für mich funktioniert und was – bei aller Vernunft – eben nicht.

Dabei ist es logisch, dass bei jedem von uns etwas anderes gut geht. Jede ist doch einzigartig!

Im Grunde geht es darum, dass du dir dein Business genauso aufbaust, wie du tickst, oder? Dann stellt sich der Erfolg rasch ein.

Das bedeutet, dass du die wichtigsten Dinge im Businessaufbau so machst, wie sie dir selber entsprechen.

Stell dir mal vor, du wüsstest jederzeit genau, wie du ...

- deine Energie optimal einsetzt im Berufsalltag?
- die für dich besten Entscheidungen triffst?
- klar erkennst, was und wer dir beruflich (nicht) guttut?
- effektiv kommunizierst mit deinen Followern und Kund*innen?
- dein Marketing authentisch und überzeugend gestaltest?
- konstruktiv mit Gedanken, Emotionen, Druck, Ängsten und Ideen umgehst?
- selbst dein bester Kompass bist auf deinem Weg zum Erfolg?

Fühlt sich gut an, oder?

Erkenne dein Potenzial

Human Design unterstützt dich dabei, dein individuelles Potenzial zu erkennen und dann gezielt zu entfalten.

Human Design ist – ähnlich wie die Astrologie – ein Instrument zur Selbsterkenntnis und Potenzialentfaltung. Die Kombination aus Astrologie, Chakrenlehre, I-Ging, Quantenphysik u. v. m. legt objektiv dar, was dich ausmacht und wie du in deine wahre Kraft kommst. Basierend auf deinen exakten Geburtsdaten zeigt sich, wie du optimal mit deiner Energie umgehst, welche Strategien dir Erfolg bringen, was dir in Beziehungen guttut, welcher Arbeitsstil zu dir passt usw.

Mein Tipp, um dir Frust, Wut, Verbitterung und Enttäuschung zu ersparen? Beschäftige dich mit deinem Human Design. Warum? Als Selbstständige kümmern wir uns um gefühlt tausend Sachen und viel zu wenig darum, in unserer Kraft zu sein. Mit diesem Alltagskompass gehst du auf deinem Weg zum Erfolg nicht verloren, sondern erreichst Ziele auf deine Art.

Wie kommst du nun zu diesem wertvollen Instrument für dein Business?

Du kannst dir dein Human Design im Internet selber berechnen lassen, aber nicht alle Programme sind zuverlässig und die praktische Umsetzung der Ergebnisse wird komplex.

Willst du dein Human Design wirklich verstehen und nutzen, empfehle ich dir aus tiefster Überzeugung ein professionelles Reading. Ich unterstütze dich gerne dabei.

Sabine Sobotka

www.sabinesobotka.com/human-design

Herz & Verstand – das Erfolgsteam für deinen Businessaufbau

Von Birgit Lütkehölter

Irgendwann war meine innere Stimme nicht mehr zu überhören. „Das kann noch nicht alles gewesen sein. Da geht noch mehr“, flüsterte sie mir immer eindringlicher zu. Dazu kam ein Gefühl von Unruhe und Unzufriedenheit. Je genauer ich zuhörte, desto deutlicher wurde die Erkenntnis, dass meine Angestelltenzeit zu Ende gehen würde. Auch die Richtung, die ich von nun an einschlagen wollte, zeigte sich.

Meines Erachtens beginnt der erfolgreiche Businessaufbau mit einem beherzten JA zu dir und deiner Vision. Während du dies hier liest, erlaube dir, dich mit deinen Wünschen und Sehnsüchten zu verbinden.

Aber Achtung: Nur verbinden, nicht schon wissen müssen, wie du hinkommst.

Das K.-o.-Kriterium für Wünsche und Visionen ist meist eine kritische Stimme im Kopf: „Wie soll das denn gehen? Wenn keiner will, was ich anbiete? Das Angebot gibt es doch schon!“

Unter Umständen redet deine Kopfstimme ähnlich in dir. Das wirkt wie den Deckel auf den Topf knallen, damit nicht zu viel heraussprudelt. Was zurückbleibt, sind Unruhe und

Unzufriedenheit. Denn die innere Stimme weiß, dass da noch mehr geht!

Begegne deinen Wünschen und Sehnsüchten bewertungsfrei, so entsteht Raum für konkrete Ideen.

Das innere Erfolgsteam für deinen individuellen und erfolgreichen Businessaufbau

Vereine Herz & Verstand gut miteinander, so wird es ruhig in dir und deinen Gedanken. Damit verbindest du dich mit deiner tieferen Weisheit, der Intuition. Das hilft deinem Kopf, die richtigen Strategien und Maßnahmen für die nächsten Schritte in die Umsetzung zu finden.

Übung: Teambuilding für Herz und Verstand

Mit folgender kraftvollen Übung verschaffst du der leisen Stimme deiner Intuition Gehör. Du hältst das Gedankenkarussell an, was Ruhe im Geist und Entspannung im Körper bringt. So kannst du dir selbst besser zuhören.

Außerdem erweckst du deine innere Stimme, die dir hilft, intuitiv die richtigen Entscheidungen für dich und deinen Weg zum Erfolg zu treffen!

- Lächle, auch wenn dir gerade nicht danach zumute ist. Das stoppt Grübelei.
- Reibe deine Handflächen aneinander und streife dich dann sechsmal von Kopf bis Fuß ab. So aktivierst du das Wohlfühlhormon Oxytocin.

- Lege deine Hände auf Herz und Bauch oder auf die Oberschenkel und atme zu den Händen hin. Nimm wahr, wo und wie sie aufliegen und wie dein Brustkorb sich hebt und senkt. Du darfst dich dabei auch leicht bewegen.
- Nach einigen Atemzügen frage: „Was kann ich jetzt Gutes für mich tun?"

Die Antwort wird kommen. Sofort oder später, während du mit etwas anderem beschäftigt bist.

Willst du tiefer einsteigen? Hier findest du mehr Informationen.

Birgit Lütkehölter

www.heilpraxis-lütkehölter.de

Dein Businesshaus

Lass uns gemeinsam dein Businesshaus bauen

Marken haben Ecken und Kanten, nur Nullen sind rund.

Ich erkläre meinen Kundinnen gern in Bildsprache den Weg zum Aufbau eines Unternehmens. Und da ich selber schon zwei Häuser (echte Steinhäuser) und fünf Businesshäuser gebaut habe, weiß ich genau, worauf es ankommt.

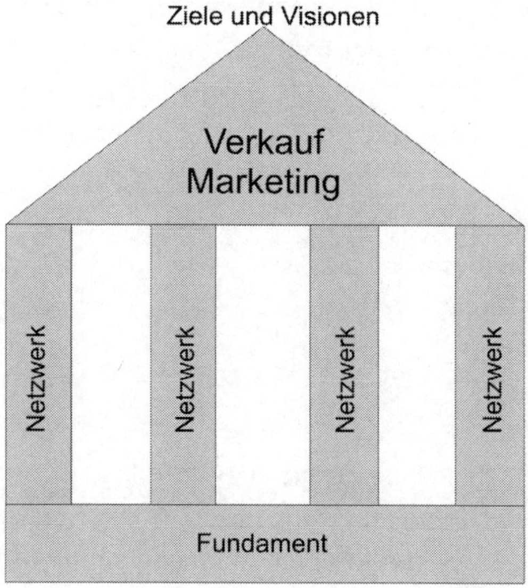

Wenn du ein Haus baust, brauchst du ein haltbares Fundament, tragende Wände, eine stabile Decke, ein Dach und den Dachfirst.

Übrigens: Wenn die Holzständer für ein Dach gesetzt sind, wird bei uns Richtfest gefeiert. Das solltest du auch in deinem Business tun.

Lass uns jetzt Schritt für Schritt *dein* Businesshaus bauen, damit du dann Grund zum Feiern hast.

Dein stabiles Fundament ist der Schlüssel zum Erfolg

Immer wieder erlebe ich, dass zuerst mit dem Dach des Business (z. B. der Website) begonnen wird, doch wie soll das „halten", wenn der Grundstock nicht passt?

Zum Fundament gehören für mich 5 wichtige Bausteine:

- Persönlichkeit
- Positionierung
- Zielgruppe
- Angebote
- Honorare/Preise

Bei allen diesen Bausteinen ist es wichtig, dir KLARHEIT zu verschaffen, denn nur, wenn du selbst klar bist, kannst du im „Dach", das dem Marketing entspricht, exakt kommunizieren, damit es fruchtet.

Innere Klarheit schafft im Außen Kundenanziehung. Dazu kommen wir dann im Kapitel „Fruchtendes Marketing".

Ehe wir uns aber dem Fundament zuwenden, möchte ich dir das Geheimnis meines Erfolges verraten. Es betrifft nicht nur das Businesshaus, sondern das gesamte Business – ja, das ganze Leben.

Strategie gemeinsam mit Intuition – dein Bauchgefühl hat immer recht

Die Bedeutung dieses Satzes durfte ich in den letzten 10 Jahren lernen zuzulassen. Eigentlich bin ich durch Erziehung und Prägung durch mein Berufsleben in Vertrieb und Versicherung eher kopflastig geprägt. Doch bin ich immer schon meiner Intuition gefolgt, ohne dass es mir bewusst war. Einige Beispiele dazu findest du in meiner persönlichen Story im Prolog.

Wenn wir Frauen es schaffen, Strategie und Intuition zu kombinieren und gezielt zu leben, gibt es eine geniale Wirkung für uns und unser Business.

Strategie als dein Leitfaden

Gerade Scannerpersönlichkeiten wie ich lieben die Vielfalt und haben immer einige Projekte parallel zu laufen. Um uns nicht zu verzetteln, brauchen wir eine klare Strategie. Daher empfehle ich dir, exakt deine Ziele – kurzfristig, mittelfristig und langfristig – zu definieren, deine Vision und dein WARUM zu kennen. Dazu erfährst du mehr im Kapitel vier.

Wenn du das ausgearbeitet hast, stell dir immer wieder die Frage:

- Zahlt das, was ich gerade tue, auf meine Ziele ein?

Wenn nein: Finger weg. Wenn ja: Machen.

Strategie heißt bei mir nicht, dass ich tausende xls-Tabellen und einen Redaktionsplan für mein Marketing habe. Oder genau weiß, wann ich welchen Umsatz machen werde. Das zeigt mir, wie lange ich schon intuitiv wirke, ohne mir dessen bewusst gewesen zu sein. Erst nachdem ich das erkannt hatte, verstärkte sich das Bewusstsein für diese Herangehensweise. Und das bringt mir noch mehr Freude und Leichtigkeit, da ich das Gefühl habe, was ich mache, darf *genau so* sein!

Sei anders als alle anderen.

Intuition als Ratgeber

So kann es auch bei dir sein. Und das passt ja, denn Frauen arbeiten eher zyklisch, in jeder Phase unseres weiblichen Zyklus und unserer Lebensabschnitte haben wir unterschiedliche Energien zur Verfügung. Diese gilt es einzusetzen. Wenn wir Frauen uns ausschließlich an die strategische Unternehmensführung halten, wie es bei Männern besser funktioniert, verlieren wir Kraft, die wir für unser Leben nutzen können.

Erkenne deinen persönlichen Zugang zu deiner Intuition, erfahre, wie du „tickst“ und achte darauf, dass du sowohl das weiblich Intuitive, als auch das männlich Strategische für dein Business einsetzt.

Dazu ist es wichtig, dich richtig kennenzulernen. Persönlichkeitsbildung und Erkenntnisse über dein eigenes Leben sind der Schlüssel. Mir hat dabei die Arbeit mit meiner Seelenmentorin Sylvia Annett Bräuning (du liest mehr von ihr in ihrem Kapitel „Seelen- & Energiebewusstsein = Freude & Erfolg“), sehr geholfen, meinen Weg zu finden und mein Human Design Reading 2022. Was Letzteres kann, beschreibt Sabine Sobotka ihrem Kapitel „Business by Design – mit Human Design zu natürlichem Berufserfolg“.

Beispiele von mir, was es bedeutet, Intuition im Business zu leben:

Seit Jahren mache ich intuitives Social-Media-Marketing, mit einem Ziel für jede Plattform, doch keinem Redaktionsplan. Einmal im Jahr schau ich mir die Gesamtstrategie an. Für meinen Content gibt es eine Ideensammlung an Themen, die ich dann jederzeit „aus dem Bauch“ heraus setze.

Bei der Auswahl der Kleidung entscheide ich nie am Abend vorher, was ich morgen oder zum nächsten Bühnenauftritt anziehe. Meine Intuition sagt mir im jeweiligen Moment, worin ich mich gerade wohlfühle.

Bei der Auswahl von Kooperationspartnerinnen, Geschäftspartnerinnen und Teammitgliedern geh ich zuerst strategisch vor und hole mir Angebote, Referenzen und Erfahrungen ein. Doch die letztendliche Entscheidung trifft mein Bauchgefühl. Ich habe da aktuell ein schönes Beispiel, das mir erneut bestätigt, wie man sich „mit dem Kopf" irren kann.

Für meinen Podcast hatte ich eine VA (Virtuelle Assistentin) gesucht, die ihn komplett technisch und redaktionell betreut. Nach den über 20 Bewerbungen habe ich mir drei zum persönlichen Interview via Zoom eingeladen, wobei die Entscheidung eigentlich schon feststand. Jedoch änderte sich das dann durch die Gespräche und ich entschied mich für eine VA, bei der ich erst Fragezeichen in Bezug auf ihr fachliches Können im Kopf hatte, mit der es aber menschlich sehr gut passt.

Gern lasse ich auch Astrologie und Spiritualität in mein Business einfließen. Ein Beispiel dazu: Für wichtige Projekte, Buchveröffentlichungen und Launch-Events lasse ich vorab von Expertinnen, wie z. B. Eva Laspas, den Maja-Kalender checken und beachte Portaltage und Mondphasen.

Persönlich glaube ich nicht an Zufälle. Alles, was zusammenkommen soll, tut das. Es fällt uns zu, was bestimmt ist. Im Business sowie bei deinen Netzwerkaktivitäten spielt Karma eine große Rolle. Sei bereit zu geben und habe keine Erwartung, dass du sofort etwas zurückbekommst. Geh ins Vertrauen, es kommt zu dir zurück, wenn auch nicht immer auf direktem Weg.

Es gibt viele hilfreiche Möglichkeiten, dein Business noch erfolgreicher zu machen. Suche dir eine aus, die für dich gut passt, und probiere sie einige Jahre aus.

Hör endlich auf, dir selbst im Weg zu stehen.

Deine Ziele und Visionen

Ohne Ziel kein Ankommen.

1) Was sind Ziele?

Ziele sollten SMART sein.

S = spezifisch, genau
M = messbar
A = attraktiv, motivierend
R = realistisch
T = terminiert

Du siehst, es gibt nicht *die* Ziele. Es sollen unbedingt *deine* sein, die du dir selbst setzt.

Nimm dir mindestens einmal im Jahr, besser jedes Halbjahr, Zeit, um Ziele zu definieren. Sie müssen zu dir und deiner Lebenssituation passen. Berücksichtige dabei alle Rollen und Lebensbereiche, die du ausfüllen möchtest.

Welche Rollen können das sein?

Unternehmerin, Mutter, Tochter, Schwester, Freundin, Ehefrau, Partnerin, pflegende Angehörige, Nachbarin, Oma, Hundemama, Katzenmama, Vereinsmitglied, Netzwerkerin, Arbeitgeberin, Geschäftspartnerin ...

Prüfe, welche Rollen du erfüllen möchtest, priorisiere sie und plane deine Ziele unter Berücksichtigung der jeweiligen Situation.

Meine Rollen sind aktuell:

- *„die Unternehmerin"*
- *Alleinerziehende Hundemama*
- *Mutter von zwei erwachsenen Kindern*
- *Oma von zwei Enkelinnen*
- *Tochter*
- *Mentorin*
- *Kundin*
- *Angehörige von einem pflegebedürftigen Vater*
- *Schwester*
- *Freundin*
- *Nachbarin*
- *Arbeitgeberin*
- *Geschäftspartnerin*
- *Auftraggeberin für Dienstleister*
- *Charitypartnerin*
- *Mieterin*
- *Frau*
- *Franchisegeberin*
- *Markeninhaberin*
- *Managerin*

Die Reihenfolge oben hat nichts mit den Prioritäten zu tun. Diese ändern sich bei mir täglich. Ich bin hochsensible Scannerpersönlichkeit, die viele Rollen parallel lebt.

Welche Lebensbereiche sind zu berücksichtigen?

Es gibt die „acht Säulen des Lebens". Beim Erreichen deiner Ziele solltest du sie alle bedenken und ebenso Prioritäten setzen. Achte dabei darauf, wo du selber gut organisiert bist und wo du Unterstützung brauchst.

- Gesundheit
- Business
- Finanzen
- Persönlichkeit
- Sinn
- Familie
- Partnerschaft
- Lebensfreude

Ich erzähle dir, wie es gerade bei mir ist (Stand Juni 2023):

*Für meine **Gesundheit** bin ich dankbar. Mein Arzt sagt immer: „Mit Ihnen kann man kein Geld verdienen." Ich gehe regelmäßig zu Vorsorgeuntersuchungen, die ich als wichtig empfinde, ernähre mich gesund, bewege mich und nutze bei Bedarf alternative Heilmethoden.*

*Mein **Business** ist stabil und nachhaltig aufgebaut, doch mehr geht immer. Das hat bei mir jedes Jahr Priorität.*

*Meine **Persönlichkeit** kenne ich sehr gut. Besonders geprägt haben mich in der Persönlichkeitsentwicklung mei-*

ne Krisen. Ich bin mir meiner Selbst bewusst, daher gibt es in diesem Bereich gerade keinen Handlungsbedarf.

Meine ***Finanzen*** *sind so, dass ich genau das Leben führen kann, das ich mir wün*sche. Da immer dranzubleiben, ist mir wichtig. Mein Business ist aktuell die einzige Einnahmequelle.

Den ***Sinn*** *des Lebens habe ich gefunden und bin dankbar, glücklich und erfüllt, dass ich genauso leben darf, wie ich es tue. Selbstbestimmt. Meine Aufgabe ist: Frauen dabei zu unterstützen, auch für sich dieses Ziel zu erreichen.*

Familie *ist mir äußerst wichtig. Ein Grund, warum ich nach 22 Jahren unterwegs sein im April 2023 wieder in die Heimat gezogen bin. Ich verbringe viel Zeit mit meiner Familie, die erste Priorität haben beide Enkelinnen. Zur Familie gehören bei mir auch immer Tiere. Aktuell bin ich alleinerziehende Hundemama von Paul, einem Havaneser, er ist 10 Jahre alt.*

Eine ***Partnerschaft*** *hat bei mir auf jeden Fall Priorität, auch wenn ich glückliche Single bin, möchte ich langfristig schon wieder in einer harmonischen und erfüllten Beziehung leben. Ich bin jedoch nicht auf der Suche und der Meinung, „der Prinz" wird kommen, wenn es so weit ist.*

Meine ***Lebensfreude*** *kann mir keiner nehmen. Ich bin ein sehr positiv denkender Mensch, eine Chancendenkerin und lebe mein Leben voller Freude und Dankbarkeit.*

Definiere deine Ziele:

- Kurzfristige, z. B. für das kommende Jahr
- Breche diese in Teilziele runter, z. B. jeden Monat
- Mittelfristige, z. B. für 3 Jahre
- Langfristige, z. B. für 5–10 Jahre

Ohne Ziele kein Angekommen sein.

2) Was sind Visionen?

Das sind Wünsche und Träume, die du dir erfüllst, sobald du die persönlichen Ziele erreichst.

Kennst du deine Wünsche und Träume? Lebst du sie schon? Oder verschiebst du es immer wieder auf morgen?

Ich bin ein großer Fan davon, seine Visionen zu visualisieren, und habe daher Julia in mein Buch eingeladen, damit sie dich mit dem Vision Board inspiriert.

Deine Visionen sind dein Treibstoff.

Welche Wünsche und Träume möchtest du dir ermöglichen?

Notiere sie dir gleich. Erfolge brauchen Belohnungen und dürfen gefeiert werden. Wenn du deine Ziele erreichst: Was erfüllst du dir dann?

Hast du eine Löffelliste?

Du weißt nicht, was das ist? Wir verschieben das Leben unserer Träume oft auf morgen. Auf der sogenannten Löffelliste hältst du fest, was du bis zu deinem Ableben erleben möchtest. Da wir alle nicht wissen, wann dieser Moment kommen wird, lade ich dich ein, schreib dir jetzt diese Liste und beginne heute damit, die Punkte darauf zu verwirklichen. Als Verstärker kannst du sie auf einem Vision Board visualisieren. Die Erfahrungen meiner Kundinnen besagen: „Wenn du deine Visionen täglich präsent hast, werden sie sich schneller erfüllen."

3) Dein WARUM ist dein innerer Motor

Damit meine ich: Weißt du, warum du tust, was tust? Ist dir bewusst, weswegen du ein Business aufbauen möchtest? Nur, wenn du den Grund kennst, wirst du in herausfordernden Zeiten durchhalten.

Was ist dein WARUM?

Wenn ich meine Mentees nach ihrem Warum frage, kommen meist Antworten wie: „Weil ich Frauen unterstützen möchte." Dann hake ich nach: „Warum willst du das wirklich tun?"

Hinterfrage also das Warum dahinter, gehe bis in die Tiefe. Dabei frage dich:

- Was *genau* willst du für die anderen bewirken?
- Welchen *gesellschaftlichen* Beitrag möchtest du leisten?
- Aber auch: Wonach strebst du für dich selber?
- Was ist *dein* persönlicher Antreiber?

Botschaft für dich: Betrachte immer wieder neu, was ist wirklich dein WARUM? Hat es sich geändert?

Ich erzähle dir mein Warum:

Ich selbst unterstütze Frauen in verschiedenen Bereichen. Zum Beispiel, sich besser zu vernetzen, sichtbarer zu werden, ihr eigenes Buch zu veröffentlichen, mehr Kunden anzuziehen usw. Ich könnte dir noch viele weitere Themenbereiche aufzählen. Doch mein WARUM ist: Ich möchte, dass jede Frau auf der Welt genau das Leben führen kann, das sie sich wünscht.

Mein WARUM für mich persönlich?

Ich hätte noch vor fünf Jahren auf diese Frage geantwortet: „Ich möchte gern mit meinen beiden Unternehmen eine Million Umsatz aufbauen." Dann habe ich mich intensiv mit der Definition beschäftigt, und sie hat sich verändert.

Heute antworte ich: „Ich möchte ein erfülltes, selbstbestimmtes und glückliches Leben führen. Dazu braucht es keine Million Umsatz, denn ich kann mir mein Traumleben auch ohne ermöglichen. Seit einem Jahr fühle ich mich AN-

GEKOMMEN. Jährlich schaue ich erneut hin, ob sich etwas verändert hat. Stand heute: Es soll genau so bleiben, wie es ist. Nein, stimmt nicht: Ein neuer Partner darf gern in mein Leben kommen.“

Begib dich schon in das Gefühl, dass du spürst, wenn du deine Ziele erreicht hast und deine Träume lebst. Ich lade dich ein, schreibe gleich deinen **Zukunftsbrief**:

- Was erzählst du mir, wenn wir uns heute in fünf Jahren treffen?
- Wie geht es dir, deinem Business, wie lebst du und welche Wünsche und Träume hast du dir schon erfüllt?

Nur das, was du dir heute vorstellen kannst, wird Realität werden.

Ich erzähle dir von meinem Zukunftsbrief:

In 5 Jahren *lebe ich mit meinem geliebten Partner in einem Haus am Meer. Ich schlafe in seinen Armen bei Wellenrauschen ein, und morgens werde ich mit einem vollwertigen Frühstück auf dem Balkon mit Meerblick überrascht. Wir bereisen gemeinsam die Welt. Sind gesund und vital. Paul, mein Hund, ist unser treuer Begleiter. In einem großen Garten freut er sich seines stolzen Hundealters.*

Einmal im Vierteljahr besuchen wir meine Familie, wo ich immer noch eine Zweitwohnung habe. Wir genießen je-

den Tag, kochen und tanzen zusammen. Mein Mentoring unterstützt Frauen auf ihrem Weg, in ein erfülltes, selbstbestimmtes und glückliches Leben zu kommen, und ich wirke pro Woche einen Tag dafür. Ich habe dann insgesamt bei 25 Büchern mitgewirkt. Meine Unternehmensmarke habe ich in gute Hände gegeben. Außerdem bin ich weiterhin Seniorbotschafterin der Marke W.I.N Women in Network®, engagiere mich bei sozialen Frauen-Projekten und werde für spezielle Bühnen gebucht, die ich nur annehme, wenn sie in unsere Reisepläne passen.

Ich bin schon gespannt, was du in deinem Brief „In fünf Jahren" erzählst. Du darfst ihn mir gerne senden. Ich bewahre ihn für dich auf und wir sprechen uns zu dem von dir benannten Datum.

Große Träume in die Wirklichkeit bringen

Von Julia Loder

Denke zurück an deinen Businessplan. Du hast dich monatelang fokussiert mit der Ausarbeitung beschäftigt. Dann kam der Moment, an dem du genau wusstest, so darf es laufen. Erinnerst du dich an Fokus und Flow? Dieses Gefühl kannst du tatsächlich potenzieren. Und auf weitere Lebensbereiche ausdehnen: berufliche Ziele, private Ambitionen, gesunde Lebensweise, langes Liebesglück oder innere Berufung.

Du fragst dich, wie das funktioniert?

Starte mit deinem eigenen Vision Board! Dabei geht es um mehr, als *nur* eine schicke Collage mit Wünschen auf einem Fotokarton passend zur Einrichtung im Zuhause zu gestalten. Mit professioneller Anleitung sind sie Wegweiser und Unterstützer. Sie geben Fokus, wenn sich Ereignisse überschlagen. Oder auf sich warten lassen. Der tägliche Blick auf das Vision Board hilft, deine Ziele im Unterbewusstsein zu verankern und stärkt dein positives Mindset. Es ist wie ein Kompass, nach dem du dich jeden Tag aufs Neue ausrichtest.

Wie gestaltest du ein Vision Board?

Im Internet findest du Anleitungen, wie du es selbst analog auf einem Fotokarton oder digital in einer App erstellen kannst. Wobei sich während meiner langjährigen Erfahrung mit über 120 Teilnehmer*innen als Vision-Board-Begleiterin gezeigt hat, dass die Kraft eines analogen Boards deutlich höher ist als die eines digitalen.

Was du für ein analoges Vision Board brauchst:

- 3 bis 5 alte Illustrierte,
- Kleber und Schere,
- ein authentisches Foto von dir (bis zu 10×15 cm)
- ein Fotokarton-Bogen in deiner Lieblingsfarbe (am besten in 50×70 cm)
- einen freien Vormittag, Nachmittag oder Abend für dich

Nun suchst du Bilder, Deko und anderes, die dem entsprechen, was du dir wünschst. Danach wirst du kreativ und schnipselst, visionierst und klebst.

Die Herausforderung ist dann, die richtige Botschaft für dich herauszuarbeiten. Auch kann es passieren, dass alle Lebensbereiche auf dem Board gut dargestellt sind, aber die Essenz des Ganzen noch nicht in Einklang bringen. Das geht besser in der Gruppe oder gemeinsam mit mir, wo ich Zusammenhänge und das Fazit ganzheitlich erkenne und verstehe.

Ich bin jedes Mal fasziniert und dankbar, wenn Teilnehmer*innen meiner Workshops von ihren Erfolgsgeschichten berichten. Vieles hat sich realisiert: neue Beziehungen, langersehnte Ziele von Projekten oder Reisen, die lange nicht möglich schienen … Dieses Wahrwerden der Visionen ist wirklich ein mitreißender Prozess, der bereits beim Start eines Vision Boards losgeht.

Loslegen nach dem Loder-Prinzip: Intuitiv vom Herz aufs Board

Im Grunde ist es leichter, als du denkst, darum ermuntere ich dich: Starte einfach los! Wenn du nicht weiterkommst, Fragen hast oder ein professionelles Reading möchtest, melde dich gerne bei mir. Außerdem gebe ich Tipps für die Umsetzung im Alltag.

Julia Loder

www.julia-loder.de

Das Fundament deines Business

1) Deine Persönlichkeit zählt

Du bist die zentrale Person in deinem Unternehmen. Sei authentisch und echt. Verstecke dich nicht. Du bist wichtig, denn Menschen kaufen von Menschen, und zwar Lösungen. Deine Persönlichkeit ist der bedeutendste USP[3] bzw. das Alleinstellungsmerkmal deines Business. Wenn du dir dessen bewusst bist, wirst du nie Angst vor Mitbewerbern haben.

Erarbeite jetzt für dich:

- Was macht dich als Person einzigartig?
- Was sind deine wichtigsten 10 Werte?
- Was kannst du besonders gut?
- Was schätzen Freunde an dir?
- Welche Macken hast du?

Wenn du das für dich ausführlich erarbeitet hast, frage dein Umfeld, denn Selbst- und Fremdwahrnehmung unterscheiden sich oft und Frauen tragen meist zu wenig dick auf. So hast du eine eigene Perspektive *und* den Blick von außen. Im besten Fall ist es eine Bestätigung für dich.

Zum Abschluss schreibst du dir eine Kurzfassung auf, was Menschen unbedingt wissen sollen, bevor du mit ihnen arbeitest. Traue dich, das zu kommunizieren, denn so

---

[3] „Unique Selling Point" oder auch „Unique Selling Proposition"

wirst du stets deine Lieblingskunden anziehen. Und das bringt Freude und Leichtigkeit ins Leben.

Was macht Petra Polk einzigartig?

Sie traut sich, die Sachlage beim Namen zu nennen, findet bei ihren Kunden schnell die Stellschrauben und hat Lösungen zur Hand. Bei ihr gibt es keine rosa Schleifchen. Petra ist klar und direkt. Mit Leichtigkeit, Freude und Empathie teilt sie mit ihren Mentees ihre Erfahrungen, ihr Wissen und ihr Netzwerk. Ideen sprudeln nur so aus ihr heraus. Ihre wichtigsten Werte sind: Pünktlichkeit, Wertschätzung und Loyalität.

2) Deine klare Positionierung schafft Anziehung

Du kannst nur gebucht werden, deine Produkte können nur gekauft werden, wenn die Welt davon weiß. Aus dem Grund empfehle ich dir eine klare Positionierung für dich und/oder dein Produkt. Du siehst, hier darfst du unterscheiden, in welcher Branche du tätig bist.

Stell dir folgende Fragen:

- Was macht dein Produkt oder deine Dienstleistung einzigartig?
- Für welches Thema steht dein Business?
- Welches Problem löst du?
- Welchen Engpass haben deine Kunden?
- Welche Lösungen bietest du an?

Klarheit spielt in allen Bereichen deines Businessaufbaus eine große Rolle. Wenn du diese Punkte für dich ausführlich ausgearbeitet hast, schreibe die Essenz deiner Positionierung auf, denn in Gesprächen hast du oft nur wenig Zeit, deine Botschaft zu vermitteln. Ich empfehle dir, es in einem Satz kommunizieren zu können.

Wie ist Petra Polk positioniert?

- *Kurzform: Mentorin für weiblichen Erfolg im Business*

- *Ausführlicher: Sie ist Mentorin, Speakerin, Autorin, Verlegerin und Unternehmerin. Petra unterstützt in ihren Mentorings Frauen dabei, sich ein erfolgreiches Business aufzubauen und begleitet Unternehmenswachstum, was ihnen die Freiheit für ein selbstbestimmtes, sinnerfülltes Leben und Wirken ermöglicht. Als Speakerin wird sie für Kongresse, Messen und Events als Impulsgeberin zu den Themen Marketing, Verkauf, Netzwerken und Unternehmertum gebucht.*

3) Mach deine Zielgruppe spitz

Persönlich sehe ich eine klar und spitz definierte Zielgruppe als wichtigsten Schlüssel für Erfolg im Business. Seit vielen Jahren empfehle ich meinen Kundinnen die *EKS* – „engpasskonzentrierte Strategie" anzuwenden. Ich nenne sie „die *Espressotassenstrategie*".

Wenn deine Zielgruppe so breit ist, dass du „eine bauchige Milchkaffeetasse" benötigst, oder sogar etliche, weil du der Meinung bist: „Das brauchen alle“, dann ändere das. Je eher du bereit bist, deine Zielgruppe spitz zu machen, desto mehr wirst du durch Sogwirkung deine Wunschkunden erreichen. Wer alle möchte, bekommt keinen. Hab dabei keine Angst auf Verzicht!

Ich mach dir ein Beispiel: Angenommen, du hast ein Produkt, das uns gesünder macht, dann hast du recht, alle wollen und brauchen Gesundheit. Doch stell dir folgende Frage: Mit wem möchtest du am liebsten arbeiten? Sind es Kinder, Unternehmer oder Senioren? Für jede dieser Zielgruppe wirst du eine andere Marketingstrategie benötigen und genau das bringt große Herausforderungen mit sich. Wenn du dich entscheidest, dass deine Kunden Mütter zwischen 20 und 40 sind, die mindestens ein Kind haben, hast du es schon exakter definiert. Du wirst allerdings sehen, das ist immer noch nicht eindeutig genug.

Ich empfehle dir, eine Checkliste für deinen Wunschkunden auszuarbeiten und regelmäßig genauer zu definieren. Ja, es ist eine „never ending Story“ – sprich, es hört nie auf.

Definiere jetzt detailliert deinen Wunschkunden und notiere dir deine Tätigkeit auch in Kurzform für die Kommunikation nach außen.

Nachdem du genau weißt, wer dein Lieblingskunde ist, mach dir Gedanken zu folgenden Punkten:

- Wo hält sich dein Wunschkunde/ deine Wunschkundin auf?
- Wo wirst du ihn/sie mit deinem Marketing erreichen?
- Wer hat noch deine Zielgruppe?

Was sind Petras Lieblingskunden?

Deutschsprachige Frauen zwischen 30 und 60, die bereit sind für Veränderungen. Frauen, die ein neues Business starten, ihr bestehendes ausbauen möchten oder sich Wachstum in ihrer Persönlichkeit und ihrem Unternehmen wünschen. Um ein selbstbestimmtes, erfülltes und glückliches Leben zu führen.

4) Dein Angebot

Auf folgende Fragen solltest du antworten können, wenn ich dich nachts um vier Uhr wecke:

- Was kann ich bei dir kaufen?
- Wie kann ich mit dir zusammenarbeiten?

Aus Erfahrungen bei der Arbeit mit meinen Wunschkundinnen ist hier die Antwort oft schwammig. Frag dich daher und verschaffe dir Klarheit:

- Was ist dein Angebot?
- Welche Pakete möchtest du verkaufen?

- Wie kann man mit dir zusammenarbeiten?
- Was sind deine Produkte oder Dienstleistungen?

Jetzt kommt es auf dein Business und die Branche an, was du als Angebot erstellst und wie du es verkaufen möchtest.

Grundsätzlich empfehle ich dir, mindestens drei Produkt- oder Dienstleistungspakete zu haben, denn unsere Kunden wählen gern aus. Wir nennen das *„Produkttreppe"*.

Beispiel für einen Coach:

Miniprodukt:

Dein kleinstes Produkt ist zum Kennenlernen und Vertrauen aufbauen. Das wird auch „Miniprodukt" oder „Teaser"[4] genannt. Ein Workshop, ein E-Book, ein Buch – erschaffe etwas, was auf deine Angebote einzahlt.

Dabei empfehle ich dir, so günstig wie möglich zu sein, sodass es sich für dich gut anfühlt. Dieses Basisprodukt solltest du über die Quantität kalkulieren. Wenn es ein automatisiertes Produkt ist, hast du den Zeitaufwand nur einmal und kannst es tausendfach verkaufen.

Ich persönlich sehe es als Marketingmaßnahme und integriere es nicht in die 3er-Produktstrategie. Es ist aus meiner Sicht die Alternative eines kostenlosen Angebotes, nur dass es andere Menschengruppen anzieht. Mehr dazu in Kapitel sieben: „Fruchtendes Marketing".

---

[4] Lockmittel

Danach kommen die eigentlichen Produkte, zum Beispiel:

- Mentoring für einen Monat im 1:1
- Mentoring für 3 Monate im 1:1
- Mentoring für 6 Monate im 1:1

Bei diesen drei Paketen kalkulierst du jeweils den Zeitaufwand der Vorbereitungs- und Betreuungszeit mit einem „internen" Stundensatz, den du aber nicht nach außen kommunizierst. Die Kundin bekommt nur den Endpreis genannt.

Nehmen wir ein Beispiel für Produkte:

Angenommen, du bist Schmuckdesignerin und stellst Unikate her. Dann variierst du mit deinen Stücken (Anhänger, Kette, Ohrringe, Armband und Ring) und deren Kollektionen. Du bietest kleine Sets an, wo nur zwei Schmuckstücke drinnen sind, mittlere mit drei und große, wo alle Teile enthalten sind, die es aus jeder Serie gibt. Dabei musst du noch die Materialien kalkulieren. Goldprodukte mit 900 Karat Gold kosten mehr als Silberprodukte.

Für die Kalkulation der Produkte ist wichtig: Materialkosten, Arbeitsaufwand, Gewinn und Versand. Das Honorar für die Arbeitszeit legst du selbst fest. Beachte bitte auch deine *gesamten* Ausgaben wie zum Beispiel Raummiete, Steuern, KFZ-Kosten, Marketing usw.

Wichtig ist: Beginne gleich korrekt! Verkaufe dein Angebot nach außen hin nicht stundenweise. Ich empfehle dir, sofort mit Paketen zu starten. Dann machst du Erfahrungen mit deiner Planung und optimierst sie später, wobei du dich am Markt orientierst.

Die Strategie mit den Dreierpaketen ist verkaufspsychologisch erprobt. Kunden wählen zu 80 Prozent das mittlere Paket. Sprich, das, was du am meisten verkaufen möchtest, gehört in die Mitte.

Wenn Kundinnen neu zu mir kommen, wollen sie es nicht glauben, doch oft bekomme ich schon nach kurzer Zeit einen Anruf: „Petra, du hattest recht, es funktioniert wirklich."

Wie du die Produkttreppe in deine Marketingstrategie einbettest, erfährst du im Kapitel sieben: „Fruchtendes Marketing".

Wie sieht die Produkttreppe bei Petra Polk zum Zeitpunkt der Entstehung dieses Buches aus?

Ich *biete immer wieder Miniprodukte an, aktuell sind diese aber nicht automatisiert, sondern Online-Minikurse, bei denen ich selber den Kurs leite. Die Preise dafür liegen zwischen 9 und 47 Euro.*

Mentoring-Pakete by PP

Nachdem ich mit meiner Kundin abgeklärt habe, welches Ziel sie erreichen möchte, empfehle ich ihr eine ungefähre Dauer des Mentorings – auf Basis meiner langjährigen Erfahrung. Dazu biete ich drei Pakete mit einem Fixpreis an.

Für mich kalkuliere ich die Aufwände mit meinem internen Stundensatz:

Das kleinste Paket im „1:1 Mentoring“ geht über 3 Monate, das Honorar richtet sich nach der Zeitspanne, die die Kundin mit mir arbeitet. Bei 90 Minuten im Monat sind das für drei Monate 2.700 €. Je Ziel kann sie aber auch häufigere Beratungszeiten brauchen.

Das mittlere Paket geht über 6 Monate mit unterschiedlichen Stundenvarianten. Zum Beispiel: 6 Monate mit je 4 Stunden = 14.700 €.

Das große Paket läuft ein Jahr. Je nach Intensität der Zusammenarbeit, die sich wiederum nach ihrem Ziel richtet, kostet es zwischen 30.000 und 60.000 Euro.

Ich gestalte die Arbeit mit meinen Kundinnen persönlich, individuell und auf sie zugeschnitten. Zwischen den Terminen gibt es zusätzliche Betreuung meinerseits auf Zuruf und E-Mail-Support innerhalb von 48 Stunden über den gesamten Zeitraum der Zusammenarbeit. Daher habe ich für mich ein internes Stundenhonorar mit 600 €/h (Stand 2023) kalkuliert. Wenn wir uns live treffen, berechne ich alle dafür anfallenden Kosten meiner Kundin weiter. Zum Beispiel: Reisekosten und Reisezeit, Hotelkosten, Raumkosten.

Zusätzlich biete ich verschiedene Retreats, Bootcamps und Masterminds als Gruppenprogramm zwischen sechs und zwölf Teilnehmerinnen an. Hier kalkuliere ich den gesamten Zeitaufwand und teile ihn durch die Mindestteilnehmerzahl.

5) Dein Honorar/deine Preise

Wenn du weißt, was du anbieten möchtest, geht es im nächsten Schritt darum, zu klären, was dein Angebot kosten soll.

Kennst du den Spruch: „Über Geld spricht Frau nicht"? Streiche ihn bitte sofort aus dem Gedächtnis, denn sonst brauchst du dir kein eigenes Business aufzubauen.

Geld ist Energie. Deine Preise/Honorare sind der Energieausgleich für deine Leistung. Für die Lösung, die du deinem Kunden bietest. Ob du das bekommst, was du dir wert bist, steht eng im Zusammenhang mit:

- Selbstwertschätzung
- Selbstliebe
- Klarheit in deiner Persönlichkeit

Wir allein bestimmen, was wir uns wert sind.

Meine Kundin Elizabeth hat gleich nach dem ersten Meeting der Mastermind S.I.N.N ihre Preise erhöht, mich dann angerufen und gesagt: „Ja, es hat funktioniert. Die Kunden sind bereit, mir ein höheres Honorar zu zahlen."

Wie kalkulierst du deine Preise?

Bei Dienstleistungen, Beratungen, Coachings empfehle ich, dir den kompletten Zeitaufwand mit dem von dir festgelegten internen Stundensatz zu multiplizieren. Sind es

Gruppen, dann teilst du durch die Anzahl der Mindestteilnehmer.

Jetzt fragst du: „Wie lege ich mein Honorar fest?" Da gibt es viele Wege. Fühle dich völlig frei dabei und schau, was bist du dir wert. Wichtig ist in jedem Fall, dass das hereinkommt, was du brauchst, damit dein Business sich selber *und* dein Leben finanziert.

Dazu definierst du vorab, wie viel deiner kostbaren Lebenszeit du ins Unternehmen investieren und wie viel Geld du am Ende des Monats auf dem Konto haben möchtest. Beachte dabei alle Ausgaben wie Steuern, Versicherungen, Tools, Löhne usw.

Ich mache dir ein Beispiel:

Du hast noch keine Mitarbeiter und arbeitest jede Woche 40 Stunden – 20 *in*, 20 *an* deinem Business. Willst du 5.000 € Gewinn haben, musst du rund 10.000 € Umsatz im Monat erwirtschaften.

Achtung: Viele machen den Fehler, dass sie die Stunden, die sie *am* Business arbeiten (Marketing, Kooperationsgespräche, Netzwerkveranstaltungen etc.) nicht in ihren Stundensatz einrechnen. Sie berechnen die Sätze wie Angestellte, was viel zu niedrig ist. Das Ergebnis: Sie bringen ihr Unternehmen um.

Sie rechnen so: 10.000 Euro durch 40 Stunden die Woche (160 pro Monat), sind 62,50 €/h. Das verrechnen sie weiter und bedenken nicht, dass sie in Wirklichkeit ja nur 20 Stunden mit den Kunden arbeiten! Am Ende haben sie nur 5.000 € (62,5 × 80) Umsatz am Konto, rund 2.500 € Gewinn.

Korrekt gerechnet wird so: Du nimmst nur die Zeit, die du *tatsächlich* mit den Kunden arbeitest, damit dein Stundensatz passt. Also: 10.000 Euro durch 80 Stunden = 125 €/h, das ist dann dein „interner Stundensatz".

Das heißt aber nicht, dass du 20 Coachingstunden jede Woche *einzeln* verkaufst, sondern, dass du eine Basis hast, mit der du deine Produktpakete kalkulierst. Aus meiner Sicht ist es das geringstmögliche Honorar, für das du als Selbstständige arbeiten solltest. Weil es bedeutet, dass du 20 Stunden in der Woche für *deine Kunden* und 20 für *dein Business* da sein musst. Prüfe, ob du das wirklich willst!

Berechne jetzt deinen internen Stundensatz.

Eine weitere Perspektive ist, am Markt zu schauen, was deine Mitbewerber verlangen. Orientiere dich immer am höchsten Preis und überprüfe dennoch, ob es zu deinem gewünschten Zeitaufwand und Gewinn passt.

Zur Sicherheit erwähne ich es nochmal: Kennst du deine Einzigartigkeit, hast du keine *Mitbewerber* mehr!

Nun haben wir gemeinsam das Fundament deines Businesshauses beleuchtet und jetzt geht es in die Umsetzung. Prüfe, welche von den fünf wichtigen Bausteinen von dir genau erarbeitet und/oder optimiert werden dürfen. Ich empfehle: Fahre mit dem Businessaufbau nicht fort, wenn in diesem Kapitel für dich noch Aufgaben warten, sondern schaffe dir erst hundertprozentige Klarheit in diesen fünf Punkten.

Als erfahrene Unternehmerin lege ich dir ans Herz, überprüfe mindestens *alle zwei Jahre* wieder genau dein Fundament, ob es noch zum jetzigen Business und zu dir passt oder ob du die Basis anpassen willst.

So mache ich das:

Ich selbst habe 2010 mit 129 €/h begonnen. Zuerst verkaufte ich Coachingstunden, danach Strategietage. Dann habe ich konsequent jedes Jahr mein Honorar um 20 Prozent angepasst, sodass ich heute (2023) mit 600 €/h kalkuliere, und zwar die gesamte Zeitspanne, die ich im Business arbeiten möchte. Daraus ergeben sich die Konditionen für Mastermind-Gruppen, Bootcamps und 1:1 Mentorings.

Da mir meine kostbare Lebenszeit wichtig ist und ich sie nicht nur mit Arbeit verbringen will, habe ich 2020 für mich festgelegt: Ich selbst möchte nur 28 Stunden in der Woche arbeiten, 14 Stunden in und 14 an meinem Business. Alle anderen Aufgaben delegiere ich an mein Team. Wobei bei der Kalkulation auch die Personalkosten zu berücksichtigen sind.

In meinem Blog findest du diesen Beitrag, der dich dabei unterstützen kann, dein Honorar zu kalkulieren:

Wenn du dir meine persönliche Begleitung in einem Mentoring wünschst, lass es mich wissen. Zuerst gibt es ein 30-Minuten-Lebenszeit-Call, wo wir uns kennenlernen und prüfen, wo du stehst, wo du hin möchtest und wie ich dich beim Erreichen deiner Ziele unterstützen kann.

Buche dir unter dieser E-Mail deinen Termin:

info@petrapolk.com

Netzwerken – deine tragendste Säule

Dein Netzwerk bestimmt deinen Erfolg.

Im vorigen Kapitel haben wir das Fundament deines Businesshauses erarbeitet. Nun geht es zu den Säulen.

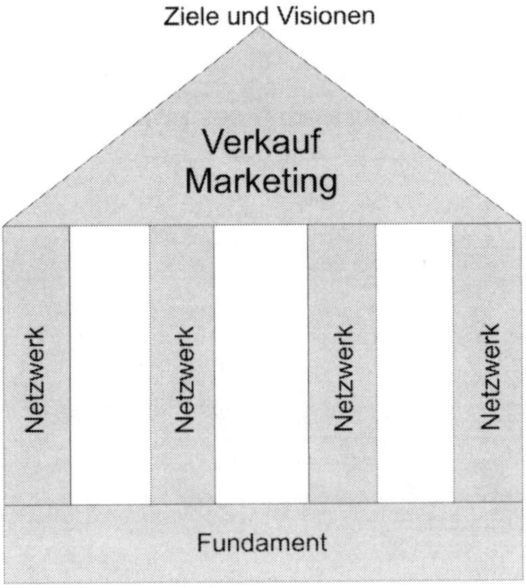

Die Grafik zeigt dir, dass dein Netzwerk die Säulen deines Business sind. Wenn du meine Story gelesen hast, weißt du, dass mein Schlüssel für ein erfolgreiches Business der Auf- und Ausbau meines persönlichen Netzwerks war und immer noch ist. Darum empfehle ich: Bau dir ein starkes

Netzwerk auf, pflege und erweitere es stetig. Du kannst nie gut genug vernetzt sein.

Ich persönlich bin der Meinung: Dein Netzwerk bestimmt zu über 60 Prozent deinen Erfolg. Gib ihm ab heute die dementsprechende Priorität! Und nicht nur, wenn du es brauchst oder du gerade nichts anderes zu tun hast. Baue deine Netzwerkaktivitäten als festen Bestandteil mit erhöhtem Stellenwert in deine Businessstrategie ein.

Was ist Netzwerken überhaupt?

In Kurzform: Netzwerken ist Beziehungsmanagement.

Für mich heißt das: Menschen kennenlernen, vertraut werden und die Beziehung ausbauen. Finde Gemeinsamkeiten, die euch verbinden. Du kennst das sicher: Du triffst eine dir unbekannte Person und hast sofort das Gefühl: Das passt super. Die Ursache dafür ist meist, dass ihr Parallelen habt, auch wenn ihr sie zu Beginn noch nicht kennt. Ich lade dich ein: Finde diese heraus.

Wie kann das gelingen? Folgende Fragen können dir dabei helfen, einen Menschen näher kennenzulernen:

- Was sind deine drei wichtigsten Werte?
- Welche Interessen hast du?
- Woher kommst du?
- Was sind deine Rituale?
- Welche Kontakte hast du? (Wen kennst du hier noch?)

- Wer ist dein Vorbild?
- Wie ist dein Lebensstil?

Tiefe Verbindungen aufbauen, das braucht echtes Interesse für Menschen, die dir begegnen. Dabei ist es egal, was dein Business ist. Beziehungen entstehen von Mensch zu Mensch. Und bei den Aktivitäten deines Netzwerksaufbaus wird es auch jemanden geben, bei dem die Chemie nicht passt. Das ist völlig ok. Du musst nicht alle lieben. Sei eine gute Zuhörerin, um mehr von anderen zu erfahren, die sich mit dir verbinden.

Nach dem Aufbau der Beziehung heißt es, in Kontakt zu bleiben. Dafür finde ich soziale Medien eine geniale Erfindung. Du lernst deine Bekanntschaften noch besser kennen, weißt, wo sie sich grade befinden, welche Themen sie beschäftigen und wie du sie unterstützen kannst. Geh immer wieder aktiv auf bestehende Bekannte zu und pflege die Beziehung zu ihnen.

Was ist Netzwerken nicht:

- Der Zielgruppe nachjagen.
- Deine Kontakte mit Angeboten „zuspammen".

Übrigens, Netzwerken ist für mich „Treffen in Person" und nicht von Account zu Account. Natürlich funktioniert das auch online, doch „in echt" ist es leichter. Ich hätte viele Menschen nie kennengelernt, wenn es die Online-Medien nicht geben würde. Meine Top-Empfehlungsgeber kenne ich allerdings persönlich. Solche Kontakte vertiefen sich durch die emotionale Bindung.

Die 8 wichtigsten Strategien für deine Netzwerkaktivitäten

Kontakte sind Gold wert.

1) Vernetze dich ohne Wertung

- Wenn du einen neuen Kontakt knüpfst, frage nicht: Brauche ich ihn oder nicht?

Du kannst das aus drei Gründen nicht sofort beurteilen:

1. Du weißt nicht, wen der andere alles kennt. Hinter jeder Person stehen wieder mindestens 500 weitere.
2. Ob dein Netzwerk jetzt oder später diesen Kontakt benötigt.
3. Ob du ihn in ein paar Jahren brauchst.

Ich selbst habe erst 2010 verstanden, warum man ohne Wertung Kontakte knüpfen sollte. Meine Story mit Rosa hat mir die Augen geöffnet:

Rosa lernte ich 2010 bei einem Netzwerkevent im Münchner Osten kennen. Ihr Business war Energiearbeit. Sie sagte zu mir: „Petra, so ein Frauennetzwerk, wie du hast, (damals waren wir auf Vertrieb und Marketing spezialisiert), brauche ich nicht, da meine Kunden auf Empfehlung kommen.“

Ich sagte: „Rosa, ich brauche auch keine zusätzliche Energie, denn ich habe schon so viel Power, mehr halten meine Kundinnen nicht aus. Aber lass uns in Kontakt bleiben.“ Das war dann nicht so leicht, sie hatte nur Telefon und Postadresse und war in keinem Social-Media-Kanal, den ich so gern zum Aufrechterhalten der Verbindung nutze. Doch ihre Freundin, eine Kundin von mir, beobachtete mein Wirken und erzählte es Rosa.

Im März 2011 rief mich die größte Münchner Tageszeitung, „Münchner Merkur“, an und sagte: „Frau Polk, wir möchten mit Ihnen ein Interview machen.“ Vor lauter Freude vergaß ich zu fragen: „Wer hat mich empfohlen?“

Am 28. Juni erschien es. „Quote, Kinder, Karriere.“ Ich war megahappy, doch noch immer wusste ich nicht, wer mir diese Empfehlung ausgesprochen hatte. Zwei Wochen danach bekam ich Post. Ein großer brauner Briefumschlag und drin war mein Pressebeitrag, auf dem ein kleiner gelber Post-it klebte, auf dem stand: „Liebe Petra, ich hoffe, du bist mir nicht böse, dass ich deinen Kontakt an den Münchner Merkur gegeben habe. Liebe Grüße, Rosa.“

Das meine ich mit „ohne Wertung“: Woher sollte ich wissen, wen Rosa alles kennt?

Netzwerken heißt, offen zu sein für neue zwischenmenschliche Beziehungen. Meine Kundinnen fragen oft: „Soll ich mich mit jedem vernetzen?“ Ja, vorausgesetzt, du hast das Gefühl, die Verbindung passt.

2) Netzwerke ohne Erwartung

Netzwerken heißt, Beziehung aufzubauen, für deine Community da zu sein und deinen Kontakten zu helfen. Dabei ist wichtig: Sprich Empfehlungen aus, ohne Gegenleistung zu erhoffen! Alle, die du aussprichst, werden zu dir zurückkommen, aber nicht immer auf dem direkten Weg. Geh ins Vertrauen, lass los und werde großzügige Empfehlungsgeberin.

3) Erzähl deinem Netzwerk, wie es dich unterstützen kann

Ja, das darfst du. Bist du eine großzügige Empfehlungsgeberin, wirst du nie wieder ein schlechtes Gewissen haben, wenn du selber darum bittest. Dazu ist es Grundvoraussetzung, dass du weißt, welche Empfehlungen du gerade jetzt für deine nächsten Schritte brauchst.

Immer wieder höre ich als Antwort auf meine Frage „Welche Empfehlung benötigst du gerade?“ – „Kunden.“ So wird es nicht funktionieren.

Erstens, weil es zu allgemein ist (z. B. welche Kunden genau?). Zweitens, Netzwerken ist keine Kundenakquise. Denke nicht kleinkariert, sondern größer. Nutze die Kraft der dritten Person.

An meiner Story erkennst du: Hätte ich Rosa zur Kundin haben wollen, wäre es nicht gelungen, aber mit dem Pressebeitrag haben tausende Menschen von mir erfahren.

Trau dich also, erzähl deinem Netzwerk, wie es dich beim Aufbau deines Business unterstützen kann. Bewerte dabei nicht, ob die Kontakte das leisten können, denn du weißt ja nie, mit wem sie bekannt sind.

4) Kenne deinen Elevator Pitch

Ja, das ist für viele eine große Herausforderung, doch ich möchte dir den Druck nehmen: Es gibt nicht *den* einen Pitch. Bleib flexibel und mach es dir leicht. Vor einigen Jahren habe ich die ABC-Strategie entwickelt, die es dir ermöglicht, einen Pitch abzurufen, der neugierig macht. In jeder Situation.

A = Anfang

Das Wichtigste ist: Er muss sofort faszinieren! Denn nur so erreichst du die Menschen.

Für einen interessanten Einstieg hast du unterschiedliche Möglichkeiten. Ich gebe dir drei Varianten an die Hand, die sich bei mir bewährt haben. Bitte nimm dir eine kreative Auszeit und finde für dich noch weitere.

- Ich persönlich nehme gern eine **rhetorische, provokative Frage** oder Behauptung, die gleich alle wachrüttelt.
- Eine *weitere von mir oft genutzte Variante* ist eine echte, **eigene Story.** Ein Beispiel ist meine „Rosa-Story". Genauso kannst du aber auch eine deiner Kunden nehmen oder dir selbst eine Passende bauen. Mit ei-

ner Eigenen wirst du jedoch mehr punkten, denn diese erzählst du am überzeugendsten. Dein Publikum wird es dir danken, dass du ihm einen Blick auf dein Leben gewährst.

- Die *dritte Möglichkeit*, die ich gern nutze, wenn ich Vorträge zu Social-Media-Marketing oder zu Gendermarketing halte, ist: **große Zahlen**. Sie bringen die Zuhörer zum Staunen. Das hat den Effekt, dass sich alle denken: „Die hat ja echt Ahnung, worüber sie spricht!"

Ich empfehle, lege dir **unterschiedliche Einstiege** zurecht.

(Und du hast richtig gelesen: Den gleichen Aufbau haben meine Vorträge. **Ein Elevator Pitch ist ja auch ein Vortrag, ein KURZvortrag.** Sprich, wenn du Reden hältst, kannst du meine ABC-Strategie ebenso nutzen.)

B = Begehrlichkeit

Ich nenne diesen Teil gern den **Mittelteil**. Er lässt sich beliebig ausbauen, je nachdem, wie viel Zeit du hast.

Meine Empfehlung ist: Lege dir Pitches in verschiedenen Längen bereit. Von 10 Sekunden bis drei Minuten sollte einiges dabei sein. Die meistgenutzte Zeitdauer bei Vorstellungsrunden in Deutschland ist eine Minute, doch kaum jemandem gelingt es, diese Zeit einzuhalten.

Bei deinem Pitch ist weniger mehr. Je mehr du „rumlaberst", desto weniger machst du neugierig. Ich persönlich schaffe es, mich in 20 Sekunden vorzustellen, denn ich bringe es gern auf den Punkt. Wenn du eine Minute Zeit hast, heißt das ja nicht, dass du die gesamte Zeit nutzen musst.

Im Mittelteil deines Pitches solltest du Antworten liefern:

- Was macht dich und dein Business einzigartig?
- Welches Problem löst du und wie fühlt sich dein Kunde, wenn er mit dir zusammenarbeitet?
- Welche Empfehlungen sollte dein Netzwerk dir aussprechen?

Menschen wünschen sich Lösungen und ein gutes Gefühl. Versetze dein Gegenüber im Mittelteil schon in eine solche Situation, dann wird er sich am Ende umso mehr angesprochen fühlen. Nutze bildhafte, emotionale Sprache und meide Negativwörter wie „vielleicht“ und „hoffentlich“.

C = Call to Action

Ohne Handlungsaufforderung solltest du grundsätzlich nie aus dem Gespräch gehen, denn deine Zuhörer fragen sich: „Und nun? Was soll ich jetzt damit anfangen? Was hat das mit mir zu tun?“ Du kannst **direkt zu einer Handlung** auffordern oder eine Empfehlung aussprechen. Sage konkret, was sie jetzt tun können und wie sie mit dir näher in Kontakt kommen. Sieh deinen Elevator Pitch nur als **Türöffner**.

Ein wichtiger Aspekt bei deinem Pitch ist:

AAAA: **A**nders **a**ls **a**lle **A**nderen. Eine ausgefallene Lösung beschreibt dir Corina Puskaric in ihrem Kapitel „Elevator-Pitch in Gedichtform – ein einzigartiges Marketing-Tool“

5) Pflege dein Netzwerk

Ich werde oft gefragt: „Petra, wie schaffst du es, so viele Kontakte, wie du hast, zu pflegen?“ Kennst du das Pareto-Prinzip? Von 20 Prozent deiner Verbindungen wirst du 80 Prozent deiner Empfehlungen bekommen. Ja, so ist es! Was das für mich bedeutet? Ich richte meine Aufmerksamkeit auf diese 20 Prozent.

Je besser du vernetzt bist, je mehr Empfehlungen du aussprichst, desto mehr Menschen werden die Verbindung mit dir lieben. Wie schon erwähnt, machen Social-Media-Kanäle es uns leicht, Beziehungen zu pflegen, doch es geht immer noch ohne. Du bleibst mit ihnen über Telefonate, Videocalls, E-Mails, Briefe und natürlich durch persönliche Begegnungen in Kontakt. Ich selbst bin ein großer Fan von Messen und Kongressen, wo ich oft Personen wiedertreffe, die mich schon ewig beobachten. Oft kommen nach Vorträgen, die ich halte, Zuhörer*innen auf mich zu und sagen: „Ich folge Ihnen schon lange.“

Gib den wichtigsten Kontakten regelmäßig ein Update über dein Business und Leben, denn nur so können sie dir passende Empfehlungen aussprechen.

6) Hör nie auf, neue Kontakte zu knüpfen

Du kannst nie gut genug vernetzt sein. Erweitere täglich dein Netzwerk, um Menschen kennenzulernen. Geh regelmäßig aus dieser Netzwerkblase, um in einem benachbarten Teich zu fischen. Was meine ich damit? In deinem Umfeld kennt man dich. Um Reichweite zu steigern, empfehle ich dir, deine Komfortzone zu verlassen und ohne Wertung oder Vorstellung einmal völlig andere Kontakte zu knüpfen. Wie kannst du das machen? Geh auf eine Veranstaltung, wo du *niemanden* kennst.

Ich tue das gerne. Manchmal fragt man mich: „Was erwartest du vom Besuch dieses Kongresses?" Und ich antworte: „Meine Erwartungshaltung ist in dem Fall nur: Neue Menschen treffen. Sonst nichts."

Im Anschluss an ein Event heißt es oft: „Und, was hat es dir gebracht?" „Ganz ehrlich", antworte ich dann, „das kann ich jetzt noch nicht sagen, auf jeden Fall habe *ich* neue Bekanntschaften geschlossen, und *mich* haben sie auch kennengelernt. Empfehlungen von frischen Kontakten kommen meist erst nach Jahren."

7) Sei zuverlässig und verbindlich

Melde dich nicht zu Netzwerkevents an, wenn du dann nicht erscheinst. Sagst du einer Empfehlung zu, kümmere dich auch um deren Erfüllung.

Gibst du dem Netzwerken Priorität, lasse nie wieder einen Kundentermin dazwischenkommen, wenn du dich zu einer Netzwerkveranstaltung angemeldet hast.

Von deinem Verhalten beim Netzwerken schließen die Menschen auf deine Zuverlässigkeit und Verbindlichkeit im Business. Ich selbst würde nie einen Auftrag an eine Netzwerkpartnerin geben, die unsere vereinbarten Termine nicht einhält. Auch kann ich sie nicht weiterempfehlen, denn ich stehe für jede Empfehlung mit meinem Namen.

8) Was kannst du tun, um Netzwerken aktiv für deinen Businesserfolg zu nutzen?

Täglich

- knüpfe einen neuen Kontakt.
- baue die Beziehungen aus.
- pflege deine bestehenden Kontakte und informiere sie über Veränderungen.
- sprich eine Empfehlung aus.
- erzähle deinem Netzwerk, wie sie deinen Businessaufbau unterstützen können.

Das hört nie auf. Ich bin jetzt 21 Jahre Unternehmerin und lebe das heute immer noch so. Da du dieses Buch liest, freue ich mich, wenn *du* dich mit mir verbindest. Ich mag es, meine Leserinnen persönlich zu kennen.

Wenn du dir noch mehr Informationen zum Netzwerken wünschst, besorge dir jetzt meine zwei Bestseller zum Thema:

„Like – so netzwerken Sie sich an die Spitze“

und „Erfolg mit Networking – Online und offline Kontakte (ver) knüpfen.“

Informationen findest du im Bücherverzeichnis. Seit 2014 blogge ich zum Netzwerken:

Deine Kontakte von heute sind dein Business von Morgen.

Elevator-Pitch in Gedichtform – ein einzigartiges Marketing-Tool

Von Corina Puskaric

Wollen Sie Ihre Individualität und Expertise hervorheben?

Planen Sie, Ihre Begeisterung für Ihr Business auf andere zu übertragen und echten Bedarf zu wecken?

Sind Sie reif für maximalen Erfolg?

Wenn Sie auch nur eine dieser Fragen mit JA beantwortet haben, zeige ich Ihnen ein Werkzeug, das Sie dabei perfekt unterstützt: einen Elevator-Pitch in Reimform.

Warum ein Gedicht?

Eine Studie hat gezeigt, dass man ein Gedicht nicht nebenbei hören oder lesen kann, da zum Verstehen beide Gehirnhälften beansprucht werden. Mit einem Gedicht wird Ihre Botschaft wirklich gehört.

Wie funktioniert das in der Praxis?

Stellen Sie sich vor, Sie besuchen ein Netzwerktreffen. Die Vorstellungsrunde beginnt.

Der erste Teilnehmer steht auf ⇨ Mein Name ist ..., ich tue das ...

An Stelle 25 kommen Sie! Was sagen Sie?

Mal ehrlich: Haben Sie von den 24 vorangegangenen Teilnehmern noch im Kopf, wer was tut? Bei solch monotonen Abfolgen sind die Zuhörer gedanklich bereits mit anderem beschäftigt.

Mit einem Elevator-Pitch in Gedichtform entfachen Sie echtes Interesse bei Ihrem Gegenüber. Sie reißen Ihre Zuhörer aus den Gedanken und gewinnen deren volle Aufmerksamkeit.

Gedichte vereinen eine Vielzahl von Vorteilen:

Zunächst punkten Sie mit einem genialen Überraschungseffekt,
da sich ein Gedicht NICHT mit der Alltagssprache deckt.

Ihr Zuhörer wird neugierig und will wissen, wie es endet,
weshalb er seine ganze Aufmerksamkeit Ihnen zuwendet.

Immer wenn Sie Ihre Botschaft in einem Gedicht formulieren,
ist Ihr Zuhörer aufmerksam und wird sich zudem noch amüsieren.

Ihre Botschaft mit positiven Emotionen zu verbinden,
weckt echtes Interesse und grenzenloses Wohlbefinden.

Denn es braucht immer diesen Funken Emotionalität,
für den Stempel, den Sie möchten, und der heißt:
Priorität!

Gedichte können in jeder beliebigen Form geschrieben werden – rein informativ, mit einem Augenzwinkern, unterhaltsam, einfühlsam, lustig, etc. Deshalb kann jede Branche davon profitieren.

Wollen Sie sich weiter der monotonen Abfolge unterwerfen? Oder sind Sie bereit, zum roten Hut in der grauen Masse zu werden?

Dann nehmen Sie direkt Papier und Stift und werden Sie kreativ. Schreiben Sie die Kernpunkte Ihres Business auf und bilden Sie Reime daraus. Beliebte Einstiege in ein Gedicht sind:

- Sie denken, das Thema (...) ist bloß fader Kram,
  ziemlich langweilig und vielleicht auch lahm?
- Ein (...) Mensch hat viele Träume,
  auf dass er bloß keinen davon versäume.
- Termine, Meetings und andere Verpflichtungen,
  im Alltag haben sie oft schräge Gewichtungen.

Sie sind nicht zufrieden mit Ihrem Gedicht?

Ihr Erfolg liegt in der Qualität Ihrer Leistung, ein Pitch in Reimform ist Ihr ideales Präsentationstool. Es ist daher wichtig, dass der Pitch „sitzt". Gelingt das nicht, kontaktieren Sie mich gerne für Ihren perfekten Gedichte-Pitch.

Ich stamme aus einer sehr kreativen Familie. Schon immer wurden bei uns zu besonderen Gelegenheiten individuelle Gedichte verfasst oder Songtexte umgedichtet und präsentiert. Das Talent wurde mir sozusagen in die Wiege gelegt.

Corina Puskaric

www.die-gedichte-fee.de

Verkaufen geht heute anders

Keine Verkäufe, kein Umsatz und daher auch kein Unternehmen. Viele sagen, sie möchten nicht verkaufen – doch ohne geht es nicht, es ist der Motor deines Business. Da kannst du gleich wieder in die Hängematte einer Anstellung gehen.

In diesem Kapitel zeige ich, was Verkaufen in Wirklichkeit ist. So wird es dir leicht fallen, Umsatz zu machen.

Das NEIN hast du schon, hol dir das JA.

Was ist Verkaufen?

Es ist die Fähigkeit, Begehrlichkeit zu wecken und andere zu veranlassen, ihre Wünsche zu stillen. Es bedeutet, beim Einkaufen zu helfen.

Heutzutage gibt es mehr Möglichkeiten zu verkaufen als früher. Doch der Grundgedanke und manche Strategien gelten immer noch. Im Online-Business läuft es anders, jedoch funktionieren einige strategische Elemente bei mir schon seit 30 Jahren.

Meine Verkaufskarriere *begann 1981 im Lebensmittel-Einzelhandel der DDR. Damals war vieles Mangelware, und man brauchte die Ware nur auszuhändigen. Im Gegenzug dazu gibt es heutzutage oft Überfluss. Die Meisten haben schon fast alles. Umso wichtiger ist es, dass wir Be-*

gehrlichkeit wecken. Menschen kaufen Emotionen. Sie wollen sich gut fühlen.

Nach dem Einzelhandel kam 1990 der Vertriebsaußendienst in der Lebensmittelbranche und das in der Marktwirtschaft, wo das Angebot größer war als die Nachfrage. Damals habe ich ohne Telefon, Internet oder Online-Shop verkauft. Es zählte der direkte Kontakt und meine Kunden haben per Brief bestellt, wenn ich nicht persönlich bei ihnen vorstellig wurde. Das ist jetzt für uns unvorstellbar, daran sieht man: Verkaufen geht heute anders.

Schon damals habe ich erkannt: 33 Prozent werden nie bei mir kaufen, 33 Prozent ab und zu, weil sie mich nicht enttäuschen möchten oder unbedingt dieses Produkt kennenlernen wollten. Und die restlichen 34 Prozent lieben mich und kaufen wegen mir, denn Menschen kaufen von Menschen.

Bei diesen Kunden lagen die fertig ausgefüllten Bestellformulare schon auf dem Schreibtisch, wenn ich zu den regelmäßigen Kundenbesuchen alle 6 Wochen kam, und sie waren immer offen, neue Produkte auszuprobieren. Mein Besuch war nur dafür da, die Beziehung zu pflegen. Sprich, gemeinsam Kaffee zu trinken und über Gott und die Welt zu plaudern. Da meine Kunden damals Metzgereien waren, gab es meist noch ein leckeres Mittagessen oder ein Wurstpaket.

Heute, im Jahr 2023, hast du weitaus mehr Möglichkeiten, mit Kunden und Interessenten in Kontakt zu bleiben und für Angebote Begehrlichkeit zu wecken. Doch das Wichtigste dabei bist du mit deiner Persönlichkeit.

Kein Mensch kauft nur Produkt oder Dienstleistung. Er will das gute Gefühl, die Energie und das Ergebnis haben. Erfolgreicher Verkauf beruht auf menschlichen Beziehungen und Vertrauen.

Meine wichtigste Erfolgsstrategie beim Verkaufen ist:

Wer fragt, der führt. Wenn du die Fragen stellst, führst du das Gespräch. Das geht im Online-Business genauso wie im persönlichen Dialog.

Vertrauen verkauft.

Kommen wir zu den Chancen und Möglichkeiten heute. In dieser raschlebigen Zeit ändern sich die Umstände täglich – am besten, du abonnierst meine News by PP – da halte ich dich auf dem Laufenden:

Der wichtigste Punkt, den du klar haben musst, ist, dass du beim Verkaufsgespräch nicht nur Zusagen bekommst. Du wirst mehr Neins erhalten als Jas. Eine alte Verkäuferregel war, dass du auf acht Absagen zwei Kunden gewinnst. Je besser du wirst, desto höher deine Abschlussrate.

Heute sehe ich die Verteilung zwischen Markt und Kunden wie folgt:

- 50 Prozent werden nie bei uns kaufen, auch wenn sie zu unserem Produkt passen.
- 47 Prozent brauchen bis zum Kauf Zeit und viele Touchpoints für den Vertrauensaufbau.
- Drei Prozent bauen schnell Vertrauen auf und kaufen sofort.

Wenn du dir dessen bewusst bist, wirst du gut mit Neins umgehen können. Und ein jedes bringt dich näher zum nächsten Ja.

Grundsätzlich ist es von dir, deinem Angebot und deiner Zielgruppe abhängig, welche Verkaufswege bei dir Früchte tragen. Ein weiterer Umstand ist, ob du ein Online- oder Offline-Business hast.

Viele Wege führen nach Rom. Ich werde dir Beispiele und verschiedene Strategien aufzeigen. Sie entsprechen nicht der Vollständigkeit und beruhen auf meinen eigenen Erfahrungen, denn nur darüber kann ich schreiben.

Zudem ist es wichtig, dass du selber herausfindest, welche Verkaufsstrategien zu dir passen. Das wirst du am besten im Umsetzungsprozess merken. Probiere direkt aus, ob etwas gelingt. Und ich empfehle, immer wieder zu reflektieren, denn du entwickelst dich weiter und Markt sowie Möglichkeiten ändern sich.

1) Das persönliche Verkaufsgespräch

Menschen kaufen von Menschen.

Über Marketingaktivitäten wie Webseite, Social-Media-Marketing, Online-Terminkalender und weitere, ist jemand auf dein Angebot aufmerksam geworden und du bietest im nächsten Schritt ein Telefonat, einen Call[5] bzw. ein persönliches Gespräch an. So ähnlich ist es, wenn du eine Praxis oder ein Ladengeschäft hast, und der Interessent steht im Geschäft.

So führst du den Dialog, damit du dein Angebot verkaufst:

- Das erste Kaufsignal ist, sobald jemand mit dir in Kontakt tritt.

- **Small Talk:** Nun geht es darum, eine Beziehung aufzubauen. Wenn du es in dieser Phase schaffst, Gemeinsamkeiten zu finden und eure Werte gut zusammenpassen, baust du Vertrauen auf. Umso leichter wirst du dich in der Abschlussphase tun.

- **Bedarf erfragen:** Stelle offene Fragen. Diese beginnen mit „W" (Wann brauchst du ...? Wo ...? Wozu ...?).

[5] Ich nenne es „Call" – das kann per Zoom, Messanger, WhatsApp, ... sein.

Dein Gesprächspartner kann nicht nur mit Ja oder Nein antworten und kommt so in Redefluss.

- Sei eine gute **Zuhörerin**: Zwischen den gesprochenen Worten wird dir der potenzielle Kunde mitteilen, was er/sie *genau* möchte. Beachte: Dein Redeanteil beträgt nur etwa 20 Prozent. Wichtig für dich ist aktives Zuhören und besser das *Hinhören*.

- **Angebot unterbreiten:** Jetzt kommt es darauf an, ob du sofort mündlich eine Offerte stellen willst oder ob du im Anschluss eine schriftliche sendest. Wie du das machst, hängt vom jeweiligen Angebot und deinen Werten ab.

Hier drei Beispiele, wie Verkauf bei unterschiedlichen Produkten funktioniert:

- **Ladengeschäft:** Die Kundin sucht ein Geschenk für ihre Freundin, nun ist es dein Part, ihr aus dem Sortiment konkrete Vorschläge zu unterbreiten. Damit du den „Nagel auf den Kopf triffst", ist es nötig, vorher die richtigen Fragen zu stellen, um den Bedarf zu ermitteln.

- **Buchung einer Trainerin:** Ein Unternehmen möchte dich für einzelne Trainingstage innerhalb eines Jahres buchen. In diesem Fall empfehle ich dir, ein konkretes Angebot auszuarbeiten, es per Mail zu senden und direkt im Gespräch einen Folgetermin zu vereinbaren, bei dem ihr es besprecht. Damit du die Offerte schreiben kannst, stellst du Fragen, um den exakten Bedarf zu kennen.

- **Mentoring,** wie es bei mir läuft. Je nachdem, wie du dir die Zusammenarbeit mit mir vorstellst, werde ich dir sofort ein Angebot unterbreiten, insbesondere, wenn gerade eine meiner Mastermind-Gruppen oder Bootcamps stattfinden. Ansonsten sende ich dir einen individuell auf dich zugeschnittenen Vorschlag.

In der Angebotsphase solltest du dir immer wieder Feedback einholen, ob du die gesamte Kommunikation korrekt verstehst. Dazu verwendest du geschlossene Fragen, die dein Interessent im besten Fall mit Ja beantwortet.

Beispiel:

- Habe ich Sie richtig verstanden?
- Hast du dir das so vorgestellt?
- Liegt das in deinem Budget?

In der Verkaufspsychologie nennen wir das: Jas einholen. Je mehr Jas du in dieser Phase des Verkaufsgespräches bekommst, desto sicherer ist später der Abschluss.

Abschluss: Nun stehst du am bedeutendsten Punkt. Trau dich, die Abschlussfrage zu stellen! Dabei gibt es viele verschiedene Möglichkeiten, doch wichtig ist: Frage!

Oft enden Gespräche ohne Verkauf, da sich der Verkäufer nicht traut, abzuschließen. In der Verkäufersprache sagt man: Mach den Sack zu! Allerdings so, dass Verkäufer wie Kunde ein gutes Gefühl dabei haben.

Die Abschlussfrage ist eine geschlossene Frage, um dir das Ja einzuholen. Eine von mir gern gewählte Technik ist: die Alternativfrage mit positiver Suggestion. Ein Beispiel wäre: „Wann wollen wir mit der Zusammenarbeit beginnen? Am 1. Juni oder 1. Juli?"

Damit setze ich das Ja schon voraus und gebe zwei Alternativen für den Start. Im Laufe des Kapitels zeige ich dir weitere Fragetechniken für deine persönlichen Gespräche.

Sobald du die Abschlussfrage gestellt hast, heißt es: Klappe halten. Viele Verkäufer zerreden ihren Erfolg, statt zuzuhören.

After Sales

Um die Freude am Kauf zu erhöhen und Stornos zu verhindern, ist es wichtig, nach dem Abschluss mit dem Kunden im Kontakt zu bleiben. Je Business gibt es unterschiedliche Möglichkeiten.

Beispiele: Du verkaufst ein Präsenzseminar, dann sendest du neben der Buchungsbestätigung eine Anfahrtsskizze, einen Ablaufplan oder Unterlagen zur Vorbereitung.

Wichtig ist: Denk bloß nicht, „Gott sei Dank hat er unterschrieben und jetzt nicht mehr ansprechen". Nein, genau das Gegenteil. Bleib im Gespräch und betreue deine Kunden nach dem Kauf gut. Bei meinen Mastermind-Gruppen bekommen die Teilnehmerinnen ein Willkommenspaket per Post mit Vorbereitungsunterlagen, damit sie gleich aktiv werden können. Zusätzlich sorgt das Überraschungspäckchen darin für ein gutes Gefühl.

Ich liebe das persönliche Gespräch vor dem Kauf aus unterschiedlichen Gründen. Zwei davon lauten:

- *Ich und die Teilnehmerin prüfen, ob die Beziehungsebene und unsere Werte passen, denn nur so werden wir gute Ergebnisse erreichen. Ich möchte, dass wir beide ein angenehmes Gefühl in Bezug auf die Zusammenarbeit haben. Nach dem Gespräch kann sich jeder von uns entscheiden, ob es passt.*
- *Ich kann den genauen Bedarf erfragen und somit für meine Interessentin das richtige Paket (Produkt) auswählen. Sollten ich oder mein Angebot nicht zu ihrem Wunsch passen, werde ich ihr das ehrlich sagen.*

Ich arbeite nur mit Wunschkundinnen zusammen und empfehle, dass auch du darauf achtest. Je authentischer und aufrichtiger der Auftritt ist, desto mehr zieht man Gleichgesinnte an.

Bewerbungsprozess: Heute wird im Online-Marketing oft mit einem Auswahlprozess gearbeitet. Potenzielle Kunden sollen sich um einen Platz in einer Mastermind-Gruppe oder Ähnlichem bewerben. Hier schließt das persönliche Gespräch an. Das führst du dann selbst bzw. delegierst das an dein Team.

Dieser Prozess soll drei Punkte erfüllen:

- Der Anbieter kann leichter Nein sagen, wenn der Interessent nicht zu dem Angebot passt.
- Es soll das Produkt aufwerten und Begehrlichkeit wecken.
- Wenn es um ein Gruppenprogramm geht, bei dem es wichtig ist, dass alle Teilnehmer auf demselben Level sind, wird das durch den Bewerbungsprozess garantiert.

2) Fragetechniken:

Folgende Techniken verwende ich selber gerne:

W-Fragen – auf diese *offenen* Fragen kann dein Gesprächspartner nicht mit Ja oder Nein antworten. Sie haben den Vorteil, dass du wertvolle Informationen bekommst. Die Voraussetzung ist: Du bist bereit, eine gute Zuhörerin zu sein. Noch besser ist, du hörst richtig gut *hin*. Ich persönlich höre dabei sehr viel zwischen den Zeilen. Z. B. über die finanzielle Situation, die wahren Bedürfnisse ...

Beispiele:

- Was kann ich für dich tun?
- Wo sind gerade deine aktuellen Herausforderungen?
- Was ist aus deiner Sicht dein nächster Schritt im Business?

Jas einholen – eine äußerst wertvolle Fragetechnik. Dafür braucht es *geschlossene* Fragen, die mit Ja beantwortet werden sollten. Du holst dir während des Gesprächs immer wieder Jas ein. Wenn dein Gesprächspartner fünfmal Ja gesagt hat, kann er schlecht bei der Abschlussfrage Nein sagen.

Beispiele:

- Hast du dir die Zusammenarbeit so vorgestellt?
- Wäre es gut, wenn wir für dich mehr Kundenanziehung schaffen?

Positive Vorwegnahme – dabei setzt du schon voraus, dass es die Zusammenarbeit geben wird.

Beispiel:

- Wenn wir am 1. März mit dem 1:1 Mentoring über 3 Monate beginnen, möchtest du dann lieber online oder offline mit mir arbeiten?

Alternativfragen – du stellst zwei Alternativen vor und setzt schon voraus, dass es eine der beiden wird.

Beispiel:

- Möchtest du lieber in einer Gruppe oder im 1:1 mit mir zusammenarbeiten?
- Wollen wir uns wöchentlich oder alle zwei Wochen zu einem Meeting treffen?

Es gibt viele weitere Fragetechniken und Möglichkeiten für Abschlüsse. Mehr dazu erfährst du in einem individuellen Verkaufstraining mit mir. Auch im Online-Marketing benötigst du Fragen, denn wie schon gesagt: Wer fragt, der führt.

3) Online-Verkaufsaktion planen heißt: Launchstrategie

Für ein Online-Business empfehle ich dir, unterschiedliche Verkaufsaktionen durchzuführen. Was bedeutet das? Dein Onlineprodukt (z. B. Onlinekurs, Gruppenmentoring) ist nur in einem bestimmten Zeitraum buchbar. Du „veröffentlichst" dein Angebot und zeigst das aller Welt. Im Grunde ist das wie eine Aktionswoche.

Es gibt verschiedene Möglichkeiten, wie du deine Strategie aufbauen kannst.

a) Launch in einer Facebook- oder Messenger-Gruppe:

Das vorrangige Ziel ist, viele Menschen aus deiner Zielgruppe zu erreichen. Diese sollten sich zahlreich in deinen E-Mail-Verteiler eintragen. Denn, wie du im Kapitel „Verkaufen" gelesen hast, kaufen die Wenigsten gleich. Hast du ihre E-Mail-Adresse, kannst du sie beim nächsten Launchtermin nochmal ansprechen.

- **Einladungsphase (Phase 1):** Du kündigst auf deinem FB-Profil den Launch mit dem *Thema* des Produktes, das du verkaufen willst, an und füllst dadurch deine

Facebook-Gruppe. Während dieser Zeit animierst du die vorhandenen Gruppenmitglieder schon zu verschiedenen Aktivitäten und bietest hochwertigen Content an, der auf das Thema deines Produkts einzahlt. Eine weitere Idee für die Einladungsphase ist, eine 30-Tage-Challenge zu veranstalten.

- **Eventphase (Phase 2):** Lade hier weiter in die Gruppe ein. Gib dort Live-Events mit Wissensinputs, die zu deinem Produkt passen. Zum Beispiel 3–7 Tage je 60 Minuten. So schaffst du ein Momentum in der Community und weckst Begehrlichkeit für den Kauf. Du kannst dort auch ein Q&A[6]-Event durchführen.

- **Verkaufsphase (Phase 3)**: Am letzten Tag deiner Event-Serie öffnest du die Seite, auf der man bestellen kann, für einen begrenzten Zeitraum, maximal 14 Tage. Hier kannst du verschiedene Boni einbauen. *Zum Beispiel:* Alle, die in den ersten 24 Stunden buchen, bekommen einen Bonus dazu. Oder: Wer auf einmal, also ohne Raten bezahlt (Einmalzahlung), bekommt ein spezielles Goodie.

b) Launch mit einem Webseminar in Kombination mit E-Mail-Marketing

- Ein Seminar, das du online hältst, bietet dir die Möglichkeit, live mit den Interessenten zu sprechen, sowie allen angemeldeten Teilnehmern eine Aufzeichnung der Inhalte zur Verfügung zu stellen.

---

6 Frage & Antwort (Question & answer)

- Wenn du ohne Mitschnitt arbeitest, erhöhst du sicher die Liveteilnehmerzahl, erreichst dann auch nur die, die sich zum angegebenen Termin Zeit nehmen.
- Oder du nutzt ein einmal aufgezeichnetes Webseminar mehrmals und deine Teilnehmer schauen es sich ohne dich an.
- *Ich persönlich nutze die Variante mit dem Live-Webseminar in Kombination mit E-Mail-Marketing. Um die Begehrlichkeit zu erhöhen, stelle ich zusätzlich Workbooks*[7] *zur Verfügung.*

Beim Webseminar bittest du die Teilnehmer in einen Meetingraum (z. B. Zoom) bzw. du streamst direkt in einen Social-Media-Kanal (z. B. Facebook, YouTube). Wenn du Letzteres wählst, solltest du unbedingt mit Workbooks arbeiten oder einem anderen Goodie, das nur *angemeldete* Personen bekommen. So gibt es Anreiz, sich in deinem Verteiler anzumelden, damit du zu E-Mail-Adressen kommst.

Ich selber übertrage die Launch-Webseminare aktuell nicht live. Alle kommen in meinen Zoomraum, für angemeldete Teilnehmer gibt es eine Aufzeichnung.

Vorbereitung und Ablauf:

- Leadmagneten[8] für das Event anfertigen.
- Landingpage erstellen, auf der sich die Interessenten anmelden können und
- mit dem E-Mail-Marketingtool verknüpfen.

---

[7] Arbeitsblätter per PDF

[8] Ein kostenfreies Produkt, das Menschen (Leads) anregt, sich in die Liste einzutragen.

- Follow-up-Mails texten, die die Leads (E-Mail-Adressen) auf das Event neugierig machen.
- Marketing planen, um Leads einzusammeln. Dazu nutzt du die organische Reichweite deiner Social-Media-Kanäle. Hier kannst du auch mit bezahlten Anzeigen unterstützen. Letzteres klappt aber nur, wenn deine Seite zu 100 Prozent SEO-optimiert ist.
- Zum Live-Event über E-Mail-Marketing (in die Liste) einladen.
- Eventphase planen: Du veranstaltest 3–5 Tage ein Online-Live-Event mit Content, das zu deinem Angebot passt, aber das Problem deiner Zielgruppe nicht komplett löst. Neben den Events begleitest du die Leads mit E-Mails, in denen du zusätzlich Infos ausgibst. Zum Beispiel den Link zu Workbooks oder exklusiven Zusatzangeboten. Ich biete in diesen E-Mails Buchpakete zu Sonderkonditionen an.
- Verkaufsphase: Am letzten Tag des Events öffnest du für kurze Zeit den Warenkorb, begleitest den Verkauf aber weiterhin mit E-Mails. Die Anzahl deiner E-Mails richtet sich nach Länge deiner Verkaufsphase.

Strategie fürs E-Mail-Marketing bei Launches:

Die wichtigste Phase ist die Einladungsphase, denn diese entscheidet über den Verkaufserfolg. Je mehr Leads du auf die Liste des Events bekommst, desto mehr Verkäufe wirst du tätigen. Aus Erfahrungen vieler Marketingexperten ist die Conversion[9] beim Online-Marketing bei 80 Prozent aller Launches ein bis drei Prozent. Dabei sind Be-

[9] Abschlussrate

kanntheitsgrad des Experten, Qualität der E-Mail-Adressen sowie der gesamten Texte (Landingpage, Workbooks, E-Mails) maßgeblich.

Beispiel:

Du möchtest 10 Verkäufe, dann brauchst du bei zwei Prozent Conversion 500 *interessierte* Menschen zum Start der Verkaufsphase auf deiner Liste. Diese 500 sind aber auch nur zwei Prozent von 25 000 qualifizierten Sichtkontakten. Aus dem Grund lege den Fokus auf die Einladungsphase, denn alles, was du da versäumst, kannst du für den aktuellen Launch nicht mehr nachholen.

c) E-Mail-Marketing für die Einladung zum Live-Event

Sende E-Mails an deine existierende Liste und lade die Kontakte dort zum Event ein. Hier mein Plan, den ich empfehle:

- „Save-the-Date-Aktionen“[10] kannst du schon drei Wochen vorher ankündigen.
- Die nächste Einladung schickst du zwei Wochen vor dem Termin.
- Wöchentlich versendest du zusätzlich wertvollen Content, der zum Eventthema passt.
- Weitere Erinnerungs-Mails planst du eine Woche, drei Tage und einen Tag vor dem Termin. Je näher das

[10] Reserviere diesen Termin

Datum des Events kommt, desto mehr verkürzt du den Abstand zwischen den E-Mails.

- Spätestens sechs Stunden sowie nochmal 60 Minuten vor dem Beginn versendest du den Link zum Meetingraum.

d) E-Mail-Marketing während des Events

Eine weitere Möglichkeit ist, während und nach jedem Event eine E-Mail an die Teilnehmer zu senden, die du vorab in deinem E-Mail-Programm terminierst.

Inhalte können sein:

- Der Link zur Bestellseite
- Das Workbook
- Ein Hinweis mit einem Link zu einem Zusatzverkauf (Beispiel Bücher)
- Link zur Aufzeichnung des Events

So laufen meine Launches ab:

Am letzten Eventtag eröffne ich im Meeting (ca. 20 Minuten vor dem geplanten Ende) die Verkaufsseite zu meinem jeweiligen Produkt/Kurs/Programm. Dabei stelle ich es persönlich vor.

Im Anschluss startet die Abfolge der Verkaufs-E-Mails, wobei ich die Bestellmöglichkeit 14 Tage geöffnet habe. Es gibt einen Sonderbonus, der nur bei Buchung in den ersten 24 Stunden gilt und ein Q&A-Event.

Jeweils eine E-Mail

- *eine Stunde nach Öffnung der Bestellseite: Vorstellung des Produktes mit Ankündigung Sonderbonus.*
- *Tag 2, am Morgen: Content zum Thema, Produkt und mit Sonderbonus.*
- *Tag 2, eine Stunde vor Ablauf des Sonderbonus: Ankündigung Q&A an Tag drei sowie Warnung, den Sonderbonus nicht zu verpassen.*
- *Tag 4: Fragen, die mir im Q&A gestellt wurden, Produktlink und Angebot zu einem persönlichen Call mit mir.*
- *Tag 6: mit Content zum Thema und Produktlink.*
- *Tag 8: mit meiner persönlichen Story und/oder Kundenstorys.*
- *Tag 10: mit Content zum Thema und Produktlink.*
- *Tag 12: mit Testimonials meiner Kunden/Mentees.*
- *Tag 14: Am Morgen die Reminder[11] „heute um 22 Uhr schließt die Buchungsmöglichkeit", zusätzlich am Mittag und am Abend (letzte Erinnerung)*

Wenn du unterschiedliche Interessentenlisten im E-Mail-Verteiler angelegt hast, passt du die Inhalte der E-Mails an die jeweiligen Listen an. Diese bestehenden Kontakte können ebenso Interessenten für das neue Produkt sein, oft kaufen diese auch eher dein Angebot. Übrigens: Jeder, der von deinem Event erfährt, ist gleichzeitig ein Empfehlungsgeber. Bitte daher um Weiterempfehlung!

---

[11] Erinnerung

Verstärker für die Conversion:

Meiner Erfahrung nach gibt es drei wichtige Hebel, die Buchungsrate zu erhöhen:

- **Affiliatemarketing:** Lies dazu mehr im Kapitel Marketing. Ich empfehle dir: werde für deine Produkte Affiliategeber. Finde Partner, die dir beim Verkauf helfen und dabei einen Anteil verdienen. Wichtig ist, dass sie ähnliche Wunschkunden haben wie du.

- **Das persönliche Gespräch:** Gib den Teilnehmern die Gelegenheit zu einem (online) Treffen, so klärst du genau ihren Bedarf und kannst prüfen, ob dein Produkt zu ihnen passt und sie zu dir. Den Leitfaden zu diesen Verkaufsgesprächen findest du am Anfang dieses Kapitels.

- **Dein Bekanntheitsgrad:** Von diesem wird auf den Expertenstatus geschlossen. Mehr Sichtbarkeit und Bekanntheit werden dir eine höhere Abschlussquote bringen. Natürlich muss auch dein Produkt top sein.

Eine weitere Möglichkeit für Fortgeschrittene mit hohem Bekanntheitsgrad ist:

Launchen nur mit E-Mail-Serien und ohne Live-Event. Dabei empfehle ich dir, einen kurzen Launchzeitraum zu wählen, beispielsweise vier Tage, und die Produktanzahl zu verknappen. Warum gilt das nur für bekannte Expertinnen? Weil deine Kontakte dich im besten Fall schon kennen und daher ohne lange Kennenlernphase kaufen.

Finde jetzt heraus, welche Verkaufsstrategien zu dir und deinem Business passen. Brauchst du zusätzliche Infos, dann habe ich dir ein PDF zum Download vorbereitet – hole es dir gerne hier ab:

Meine Kundin Susanne rief mich neun Monate nach ihrem Strategietag zum Thema Verkaufen an: „Seit dem Coachingtermin gehen meine Einnahmen steil nach oben. Ich habe den Umsatz vervierfacht. Einfach genial."

Mehr Zeit für dich mit einem Team

Von Sabrina Ünal

Es fing damit an, dass mir alles über den Kopf wuchs und ich keine Zeit mehr für mich und meine Familie hatte. Hobbys, Freunde – das gesamte Privatleben blieb auf der Strecke.

Ich war seit zwei Jahren selbstständige Online-Unternehmerin. Mein Wachstum war unbeschreiblich und es hätte nicht besser laufen können. Aber ich war nicht zufrieden. Überfordert mit der Masse an Arbeit, allein mit mir, meinen Ängsten und Herausforderungen. Kein Sparringspartner, Team oder Kollegen an meiner Seite. Alles lag auf meinem Rücken.

Das Sprichwort „selbst & ständig“ bekam eine neue Dimension.

Und dann begegnete mir bei einer Recherche für einen Auftraggeber im Netz der Begriff der „virtuellen Assistenz (VA)“.

Nachdem ich mich näher mit dem Thema befasst hatte, war ich überrascht, wie vielfältig deren Spezialisierungen ausfielen. Es waren richtige Expert*innen mit viel Erfahrung dabei. Da wusste ich: Das ist die Lösung! Ein Experte an meiner Seite, ein Businesspartner! Ich brauchte ein Team!!

Geht es dir auch so?

Warte nicht zu lange, und erstelle dir direkt eine Liste mit Aufgaben, die du nicht mehr selber machen willst. Beliebte Arbeiten für die erste VA sind:

- Buchhaltung & Backoffice
- Social-Media-Kanäle
- Akquise & Social Selling
- Webdesign

Ich entschied damals genau so: jemanden für die Buchhaltung zu suchen und einen Zweiten, der meine Community auf FB & Insta betreuen sollte. Gesagt, getan.

Drei Tage später hatte ich zwei VAs an meiner Seite und war nicht mehr allein. Ein kleines Team, welches mich immer noch unterstützt und mit mir wächst.

Tipps für deine Entscheidung, mit VAs zu arbeiten:

Erkenne, ...

- dass du nicht alles alleine zu tun brauchst.
- dass du nicht jedes Tool selber kennenlernen musst.
- wann der richtige Zeitpunkt ist, Unterstützung zu holen.

Bevor du mit der Suche startest, …

- kalkuliere dein Budget für eine VA.
- definiere die künftigen Aufgaben.
- überlege dir, welche Werte deine VA haben sollte, damit ihr auch menschlich zusammenpasst.
- lege fest, was dir in der Zusammenarbeit besonders wichtig ist.

Wo findest du gute VAs?

Um dir und anderen zahlreichen Selbstständigen eine Plattform zu bieten, wo Angebot auf Nachfrage trifft, habe ich gemeinsam mit Liane Eiberger die *„va vermittlung"* sowie eine Jobplattform dazu gegründet! Mittlerweile sind wir bekannte Expertinnen rund um das Thema virtuelle Assistenz, vermitteln diese und beraten KMUs, Coaches und Einzelunternehmer.

Wann wagst du den nächsten Schritt deiner Selbstständigkeit und suchst dir eine VA, damit du die Wochenenden wieder genießen kannst?

Sabrina Ünal

www.va-vermittlung.de

Fruchtendes Marketing für dein erfolgreiches Business

Geh raus und zünde die Welt an.

Jetzt ist es so weit, dein Businesshaus ist fast fertig aufgebaut:

- Du kennst das Fundament.
- Du hast Ziele und Visionen definiert.
- Du hast begonnen, ein Netzwerk aufzubauen.

Jetzt startest du mit dem Dach, also deinen Marketingaktivitäten.

1) Deine Business-Bausteine

Diese Bestandteile schaffen den Ausdruck deiner einzigartigen Marke[12]. Die Basis für deren Erstellung sind die Details, die du dir im Fundament notiert hast. Um dein Design zu entwickeln, wende dich an eine Grafikerin und Expertin für Markenaufbau.

- Logo
- Farbauswahl
- Slogan
- Fotos
- Schriftarten

---

[12] Mehr zum Thema „Aufbau einer Marke“ erfährst du im Band 2 dieser Buchreihe, doch mit diesen Elementen legst du bereits den Grundstein.

Ich empfehle dir, bastle nicht selber an diesen wichtigen Business-Bausteinen herum, eine KI ist ebenso keine Lösung. Leiste dir eine ordentliche Agentur, Grafikerin und/oder Webmasterin. Natürlich kannst du alles alleine machen. Leider weiß ich aus Erfahrungen, dass Frauen am Anfang oft nicht bereit sind, Geld in ihr Online-Business zu stecken. Doch du kennst es aus deinem Leben. Wer günstig kauft, kauft zweimal.

Und: Wenn du heute einen Friseursalon eröffnest, ist es klar, dass du eine Summe von bis zu 60.000 € aufbringen musst, um das Ladengeschäft einzurichten. Im Online-Business ist die Investition wesentlich geringer, doch sei bereit, für deinen Start in die wichtigsten Marketinginstrumente zu investieren.

Tue Gutes und rede drüber.

2) Netzwerken – Marketing – Akquise

In den letzten fünf Jahren ist mir klar geworden, dass viele Selbstständige sich des Unterschiedes dieser Begriffe nicht bewusst sind. Bevor wir tiefer hier einsteigen, möchte ich meine Definition mit dir teilen.

- Marketing
- Netzwerken
- Akquise

Marketing – sichtbar mit deinem Angebot zu werden, um Kundenanziehung zu schaffen. Läuft es gut, *wird bei dir gekauft* und du musst nicht mehr aktiv verkaufen.

Netzwerken – Menschen kennenlernen, Beziehungen auf- und ausbauen, Vertrauen gewinnen, Menschen verbinden, Empfehlungen aussprechen und welche bekommen. Dies ist ein Teil vom Marketing, der länger braucht und Stabilität ins Business bringt.

Akquise – ist aktives Marketing für den raschen Erfolg. So du es beherrschst. Du gehst gezielt auf Menschen und Unternehmen zu, präsentierst ihnen dein Angebot und machst im besten Fall den Abschluss, wenn du auf Bedarf triffst. Das ist das *aktive* Verkaufen, vor dem sich viele scheuen und deshalb zu hundert Prozent auf passives Marketing setzen.

Ich selbst lebe diese drei Strategien seit Jahren parallel, das lege ich auch dir ans Herz. Alles hat seine Berechtigung. Jedoch empfehle ich, mach dir immer wieder bewusst, in welcher Aktivität du dich gerade befindest.

Es sind zwei unterschiedliche Prozesse:

- Akquise ist, für den Verkauf Menschen zu kontaktieren und sie dann ins Netzwerk zu integrieren.
- Netzwerken baut zuerst eine Beziehung auf und daraus resultieren erst später Verkäufe durch Empfehlungen.

Du kannst es parallel leben, doch ich empfehle dir, es nicht zu mischen.

Jetzt steigen wir intensiver ins Marketing und dessen Möglichkeiten ein.

Wer sich bewegt, wird etwas bewegen.

3) Was genau ist Marketing?

Nehmen wir an, du hast ein Schuhgeschäft. In der besten Lage Münchens, mit Räumlichkeiten von 90 m^2 und zwei großen, bodentiefen Fenstern mit breiter Auslage. Als innovative Unternehmerin hast du zusätzlich einen Online-Shop, der 24/7 geöffnet hat.

Dein Ladengeschäft mit seinen physischen und dein Online-Shop mit den virtuellen Schaufenstern sind „Trichter", die potenzielle Kunden zu dir führen.

Weitere „Schaufenster" können Social-Media-Kanäle sein, Website, Landingpage, YouTube-Kanal, Podcast usw. Im Online-Marketing wissen wir, dass unser zukünftiger Kunde zwischen 5 und 120 Touchpoints[13] bis zur Kaufentscheidung benötigt. Je nach Kundentyp fällt dies unterschiedlich aus. Je mehr Möglichkeiten du bietest, mit dir in Berührung zu kommen, desto eher wirst du es schaffen, Vertrauen aufzubauen und aus Interessenten Kunden zu machen.

Eine von mir entwickelte Strategie ist die *Herzstrategie*. Das Herzstück deines Business sind: die suchmaschinen-

---

[13] Fachausdruck für „Berührungspunkte"

optimierte Website inkl. Blog, E-Mail-Liste und, falls vorhanden, Online-Shop. Deine Schaufenster sind alle Marketingaktivitäten, die du nutzt, um deine Zielgruppe zum Kauf zu bewegen.

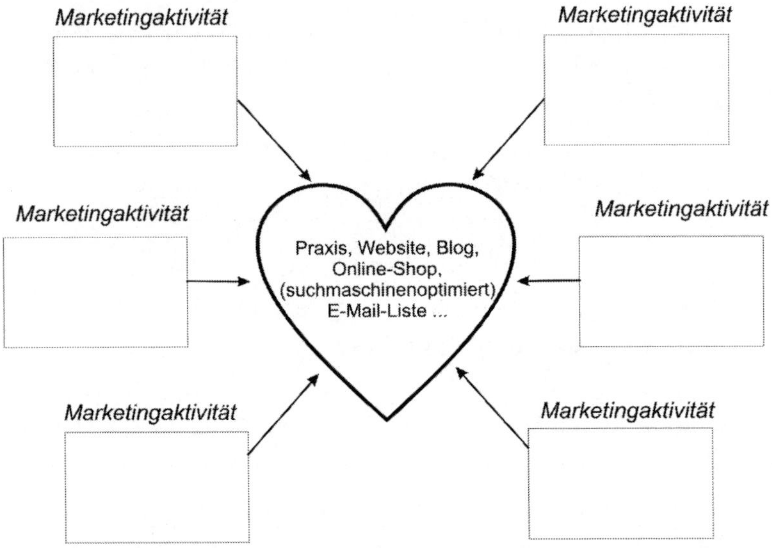

Ich selbst nutze in meiner Marketingstrategie über 30 Touchpoints, online und offline. Damit du nicht gleich zu Beginn von allzu vielen Möglichkeiten „abgelenkt" wirst, habe ich nachfolgend genau die ausgewählt, die ich für den *Aufbau* eines Business empfehle. Wie du persönlich die Prioritäten setzt, überlasse ich natürlich dir.

Wichtig zu wissen:

- 50 Prozent deiner Interessenten werden *nie* bei dir Kunde.
- 47 Prozent kaufen in den nächsten Jahren.
- 3 Prozent sind die schnellentschlossenen Käufer.

Die Kür im Marketing sind die oben genannten 47 Prozent. Diese Gruppe braucht viele Touchpoints, um Vertrauen aufzubauen, sind aber langfristig deine treuesten Kunden.

Als Beispiel erzähle ich dir die Story meiner Stammkundin Miriam:

Miriam hat mich vor dem ersten Kauf eines Produktes bei mir sieben Jahre lang beobachtet. Wie bei vielen Interessentinnen war sie stille Beobachterin, ehe wir uns online oder live begegneten und ich sie auch wahrnahm.

Schließlich war sie 2013 und 2014 bei einem Netzwerkevent unserer Community in Berlin zu Gast. Das war zu Beginn ihrer Selbstständigkeit und sie wurde durch eine Empfehlung auf uns aufmerksam. Dann war drei Jahre Funkstille. Wir hörten nichts voneinander, doch Miriam blieb weiterhin in meinem Kreis, hat unsere Mails gelesen und ist uns in den Social-Media-Kanälen als stille Leserin gefolgt.

2016 hat eine Bekannte von ihr bei uns einen Vortrag gehalten und Miriam hat mich gefragt, ob sie ein weiteres

Mal als Gast kommen kann. Ich habe zugestimmt. Wenige Tage später gab es ein Platinevent[14] in Stuttgart. Den schaute sie sich auch noch an, um zu entscheiden, welche Mitgliedschaft bei W.I.N sie wählen sollte. Kurze Zeit danach wurde sie Member in unserer W.I.N-Community.

Damit waren wir im engeren Kontakt. 2017 buchte Miriam ihr erstes meiner Produkte. Sie besuchte einen Workshop by PP zum Thema „Ziele und Visionen", wofür sie damals einen Weg von 612 km auf sich nahm, denn der Workshop war live in meinem Office in Kastellaun. Von diesem Vortrag war sie so begeistert, dass sie sich 2019 entschied, in meine Mastermind S.I.N.N by PP zu kommen.

Die Umsetzung des Gelernten ist Miriam dann Schritt für Schritt in ihrem Tempo gegangen und 2022 kam sie in meine Mastermind Wachstum by PP, um auf das nächste Level zu kommen. Jetzt möchte sie mit ihrer Expertise noch sichtbarer werden und hat 2023 mein Speakerinnen-Bootcamp by PP gebucht.

In der Geschichte verbergen sich viele Botschaften:

- Deine Interessenten können stille Beobachter sein.
- Sie hat mich auf Empfehlung gefunden.
- Es dauert eine Weile, bis du es schaffst, Vertrauen aufzubauen.
- Manchmal ist für deine Kontakte die Zeit noch nicht reif.

---

[14] 2016 gab es bei W.I.N noch unterschiedliche Mitgliedschaften. Eine davon war „Platin".

- Miriam ist seit sieben Jahren treue Kundin bei meinen beiden Marken.
- Der Workshop by PP war das Miniprodukt für den Einstieg in die Mastermind by PP.

Wenn du deine Wunschkundin genau kennst, ziehst du sie auch an. Passt die Produkttreppe, gehen deine Kunden mit dir auf eine intensive Reise.

Dabei gibt es nicht *die* richtige Marketingstrategie! Wichtig ist, du findest deine Strategie, bleibst konsequent dran und schaust regelmäßig, ob sie noch zu dir passt. Darum habe ich dir weiter hinten die gängigsten Marketingbegriffe notiert und in wenigen Worten skizziert, was sie bedeuten und dir bringen. So bekommst du einen Überblick und kannst wählen, welche zu dir und deinem Business passen.

4) Content-Marketing

Ich persönlich bin ein großer Fan von Content-Marketing. Was heißt das?

Content: Inhalte, die aus deinem Wissen und deinen Erfahrungen gespeist sind.

Du wirst über deine Inhalte sichtbar, machst dich und deine Angebote bekannt und ziehst damit Kunden an. Dazu bieten sich unzählige Formate und eine Vielzahl an Kanälen an.

Übrigens: Wenn ich von Marketing spreche, spreche ich von organischem Marketing. Das bedeutet, ohne Werbebudget. Ich selbst habe meine gesamte Reichweite organisch aufgebaut und zeige dir in diesem Buch, wie du das auch kannst.

Beim Aufbau deines Business empfehle ich dir aus drei Gründen, Abstand von bezahlten Werbekampagnen zu nehmen:

- Du kannst organisch hohe Sichtbarkeit aufbauen, wie, zeige ich dir hier.
- Wenn du so schon keine Reichweite bekommst, klappt es auch nicht mit bezahlten Anzeigen.
- Organisch ziehst du mehr deiner wirklichen Wunschkunden an.

Punkt 3 ist der Grund, warum ich nach 20 Jahren immer noch vorrangig auf organisches Marketing setze.

5) Marketingmöglichkeiten von A bis Z:

Vom Bekanntheitsgrad wird auf deinen Expertenstatus geschlossen.

Im nächsten Schritt gilt es für dich herauszufinden, welche Formate zu dir, deinem Business und deinen Wunschkunden passen, die du dann ordentlich aufbaust. Brauchst du dabei Unterstützung, bin ich nur eine E-Mail von dir entfernt.

info@petrapolk.com

Ads[15] bzw. Werbekampagnen – Du setzt Budget ein, um deine Sichtbarkeit zu erhöhen, und erreichst so mehr Menschen. Werben kannst du auf Facebook, Instagram, Google und anderen Social-Media-Kanälen, unterschiedlichen Blogs oder den klassischen Medien, online wie offline.

Wichtig dabei ist, dass du für die Seite der Website, die du bewirbst, eine gute Suchmaschinenoptimierung aufgebaut hast. Dann solltest du den Erfolg deiner Anzeigenschaltung laufend messen und nachjustieren. Sonst verbrennst du sinnlos Geld.

Audio – Podcast, Hörbuch. Damit erreichst du im Marketing Menschen, die auditiv in ihrer Wahrnehmung sind. Audiodateien werden oft beim Autofahren, Spazierengehen oder während der Hausarbeit gehört. Für mich sind sie der Ersatz fürs Fernsehen.

Banner – damit sind Grafiken gemeint, die du im Online-Marketing für Social-Media-Kanäle und für die Bewerbung von Produkten auf deiner Website erstellst.

---

[15] „Ads" ist die Kurzform für „adverts" und bedeutet „Anzeigen, Inserate", das Wort hat Google aus seinem Produkt „AdWords" geprägt und es später auf „Ads" gekürzt.

Bild – Grafik, Fotos, Infografik. „Bilder sagen mehr als tausend Worte“, Slider[16] sind zwei oder mehr Bilddateien aneinandergereiht, man nennt das auch „Slideshow“.

Blog – wenn du gern schreibst, baue einen Blog auf. Dabei ist es wichtig, dass du für jeden Blogbeitrag ein kleines Thema aus deiner Expertise wählst, die Beiträge suchmaschinenoptimiert sind, du wiederholt bloggst, z. B. einmal die Woche, und die Inhalte zur Zielgruppe passen.

Ich selber blogge seit 2014 regelmäßig, habe 350 Beiträge veröffentlicht, die meine Marketingagentur 2022 passend zu meiner Positionierung strukturiert und für die Suchmaschinen optimiert hat. Dazu gehören nun Leitartikel für jedes meiner Angebote und eine klare Struktur nach Kategorien. Viele Anfragen für Vortragsbuchungen und Mentorings kommen über den Blog.

Schau gleich selbst rein:

Community – bau dir eine Gemeinschaft aus Fans, Followern und losen Kontakten auf und sei für sie da. Communitymanagement ist einer meiner Erfolgsfaktoren im

---

[16] Slider kommt aus dem Englischen von „slide“ – gleiten.

Social-Media-Marketing. Was heißt das? Sei nicht nur Sender, sondern teile und kommentiere auch aktiv die Beiträge anderer.

Content – biete deiner Community Mehrwert. Darüber wirst du Anziehung schaffen, die Fans werden dir folgen und dich empfehlen.

E-Mail-Marketing – sollte Teil jeder Online-Marketing-Strategie sein. Du hast sicher schon den Spruch gehört: „In der Liste (E-Mail) liegt das Geld." Ja, so ist es. 80 Prozent aller Verkäufe im Online-Marketing werden über E-Mail-Listen gemacht, da dich diese Menschen meist schon besser kennen.

Hier kannst du dir mein 29-seitiges E-Book inkl. Checkliste zum E-Mail-Marketing holen:

Empfehlungen – sind Gold wert, in den sozialen Medien geht das mit einigen Mausklicks und wenig Zeitaufwand. Nur wenn du andere empfiehlst, wirst du selbst auch empfohlen. Teilst du Posts von Fans aus deiner Community, schreibe immer dein eigenes Statement dazu, denn nur so werden die geteilten Beiträge ausgespielt.

Freebie bzw. Leadmagnet – war ein kostenfreies Downloadprodukt, ein Gutschein oder auch ein physisches Produkt, das dein Interessent bekommt, sobald er seine E-Mail-Adresse hinterlässt. Achtung: *Das Wort Freebie*[17] *darf in diesem Kontext nicht mehr verwendet werden, wenn man dafür mit seiner „Mail-Adresse bezahlen muss" – siehe Rechtsprechung.*

Im Online-Marketing wird dabei oft mit einem PDF gearbeitet, in dem eine Checkliste, ein E-Book und andere Inhalte verpackt sind. Ein kostenfreies und automatisiertes Webseminar oder Video gilt ebenso als Leadmagnet.

Hier zwei Beispiele für physische Produkt-Leadmagneten (ähnlich sind Proben von Cremes, etc.) aus meinem Kundenkreis:

- Eine Schmuckdesignerin vergibt einen Gutscheincode oder
- die Inhaberin einer Erdbeerplantage einen Gutschein für 500 g Erdbeeren

Experten, die ein eigenes Buch geschrieben haben, geben dieses oft als Freiexemplar heraus, wobei der Kunde entweder nur das Porto des Versands zahlt oder es völlig umsonst erhält. Der Vorteil dabei ist, dass man so nicht nur E-Mail-, sondern ebenso physische Adressen bekommt. Leadmagneten von Autoren können auch Leseproben sein.

---

[17] https://creative-digital-consulting.de/2022/01/28/blog-dsgvo-konforme-freebies/ (Abruf vom 29.08.2023)

Diese Leadmagneten habe ich aktuell:

- *E-Book – 99 Erfolgstipps*
- *E-Book – E-Mail Marketing leicht gemacht*
- *E-Book – 59 Chancen zur Sichtbarkeit*
- *E-Book – Erfolgreich dein Produkt im Online-Business launchen*
- *E-Book – Wunschkunde by PP*

Gastbeiträge in anderen Blogs erweitern deinen Bekanntheitsgrad.

Ich selbst habe viele Gastbeiträge veröffentlicht. Mein Beitrag mit der größten Reichweite von 16.774 Klicks ist 2019 bei KarriereBoost bei Haufe erschienen.

Diesen Beitrag und viele weitere Presseveröffentlichungen findest du auf meiner Presseseite:

Hosting – Zuerst wählst du einen Hoster/Provider aus, bei dem du eine Domain (Webadresse) für dich erwirbst. Hosting bietet die Infrastruktur, wo du Speicherplatz für deine Website auf einem Server „parkst" und mit deiner Domain verknüpfst. Es gibt eine Vielzahl von Anbietern, doch ist es nicht egal, wo deine Domain gehostet wird. So ist es vorteilhaft, wenn du deine Website innerhalb des Landes geparkt hast, wo sie Kunden empfangen soll. Ich empfehle dir zum Beispiel All-Inkl. oder Internex. Beide nutze ich selbst und bin von deren Servicequalität überzeugt.

Bist du dir nicht sicher, welche Domain du verwenden sollst, geh gern mit mir in Kontakt. Grundsätzlich empfehle ich dir, deinen Namen zu nutzen, das bringt langfristig die höchste Flexibilität, dein Business zu gestalten.

Imagebroschüre – eine mittlerweile seltene und daher umso auffälligere Möglichkeit, dich und dein Business zu zeigen. Eine ähnliche Form ist die Pressemappe. Wie du solch eine Präsentation deines Unternehmens gestalten kannst? Da sind der Fantasie keine Grenzen gesetzt. Wichtig ist, dass sie zu deiner Corporate Identity passt.

Unter diesem Link findest du meine Imagebroschüre, nimm sie dir gerne als Anregung:

Interview – ist etwas leichter zu bewerkstelligen als Vorträge, denn dabei bekommst du Fragen gestellt und musst nur antworten. Du kannst aber auch Menschen zu *dir* ins Interview einladen. Schau dich in deinem Netzwerk um: Wer hat eine ähnliche Zielgruppe und kann Multiplikator sein? Sei erfinderisch und lass dir etwas einfallen, was im Gedächtnis bleibt. Der Schlüssel dazu ist ein gutes Netzwerk.

Beispiele von mir zum Thema Interviews:

- *2016 wurde ich von „wirtschaft tv" aufgrund meines damals veröffentlichten Buches zu einem Interview live nach Hamburg eingeladen. Dieses hat Stand heute (Juli 2023) 2.109 Aufrufe in YouTube.*

- *Meine liebe Freundin und Netzwerkpartnerin Mara Stix hat mich 2015 zu einem Online-Interview eingeladen, das wir damals über Google Hangout gemacht haben. Es hatte 1.950 Abonnenten von Mara erreicht. (Mara war im deutschsprachigen Markt eine Vorreiterin im Bereich Online-Marketing. Leider ist sie 2019 sehr jung verstorben. Ich habe viel von ihr gelernt. Ihren Ratgeber „Unwiderstehlich Leben" verlinken wir am Ende dieses Buches.)*

- *2018 war ich Gast beim Sofatalk im Ostsachsen TV im Gespräch mit David von Vandeven. Das Video erreichte auf YouTube deren 11.300 Abonnenten und wurde bisher 712 Mal gesehen.*

- *2019 war ich im Ladies Talk in Luzern eingeladen. Das war ein reiner Live-Reeltalk mit spannenden Gästen im Podium und vielen Frauen im Publikum in einem exklusiven Hotel.*

- 2018 hatte *ich die Ehre, eine Diversityveranstaltung in Kooperation der Deutschen Bank, des IWR, des Energiekonzerns Vattenfall und W.I.N Women in Network® in Berlin zu moderieren.*

- *Dazu kommen zahlreiche Interviews online in den Social-Media-Kanälen, bei Online-Kongressen, Podcasts sowie Radio und Fernsehen.*

Du siehst, es gibt unzählige Möglichkeiten, die warten, von dir genutzt zu werden.

Kaltakquise – Kaltakquise funktioniert immer noch und kann äußerst effektiv sein, wenn du bereit bist, Neins zu bekommen. Mach Recherche, für wen dein Angebot „wie gemacht ist“ und sprich ihn oder sie konkret an. Stelle den Mehrwert für den Interessenten in den Vordergrund, dann wirst du es nicht als „Türklinken putzen“ empfinden. Und nimm ein Nein nicht persönlich.

Landingpage (Übersetzt: Landeseite) – Im Online-Marketing sind solche Seiten dringend für alles erforderlich, wo du deinen Besucher gezielt zu *einer einzigen Aktivität* einladen möchtest.

- Sich in deine Mailingliste einzutragen,
- sich zu einem Webseminar oder Ähnlichem anzumelden
- oder um etwas (Kurs, Webseminar, Challenge ...) zu kaufen.

Landingpages haben den Vorteil, dass sie den Fokus der Besucher auf eine Sache lenken.

Online-Shop – Du hast für deine Angebote einen Online-Shop mit einem automatisierten Verkaufsprozess. Dieser ist 24/7 geöffnet, was den Vorteil hat, dass deine Kunden jederzeit kaufen können.

Dazu zähle ich ebenso Online-Kurse, die du über externe Zahlungsanbieter (Digistore24, elopage und andere) verkaufst.

Printmaterialien für dein Marketing – Ist deine Website (oder dein Online-Shop) fertig, musst du sichtbar werden. Das kannst du online und persönlich (offline) tun.

Für deine Offline-Aktivitäten solltest du auf jeden Fall eine Visitenkarte haben, die zu deinem Branding (Farben, Logo, Schriftarten) passt. Bei der Auswahl der Printmaterialien kommt es darauf an, wer deine Wunschkundin ist, wo sie sich aufhält und welche Mitbewerber du dort hast.

Viele meiner Kundinnen, vor allem wenn sie regional arbeiten, wünschen sich einen Flyer, den man jederzeit weitergeben, aber auch auflegen kann. Ich persönlich mag Printwerbemittel auch gern, da ich ein haptischer Mensch bin.

Wofür benötigst du gedruckte Werbemittel?

- Netzwerkevents in Präsenz
- Messepräsentationen
- Vorträge
- Beilage zu Goody-Bags (auch von deinen Kontakten)
- Praxis, Büro
- Kooperationspartner
- Anfragen für Buchungen
- und vieles andere mehr

Welche Printmaterialien hatte ich zum Einstieg?

- Visitenkarte
- Flyer

Welche habe ich heute?

- *Visitenkarte*
- *Postkarte*
- *Flyer*
- *Imagebroschüre*
- *Lesezeichen*
- *Bücher*
- *Banner*
- *Regiestuhl (bedruckt mit meinem Logo)*
- *Erfolgsmagazin*

Social-Media-Marketing – Finde heraus, welche Kanäle zu dir und deiner Zielgruppe passen. Ich empfehle dir, nutze nur, was du selber liebst. Mach dich von keiner Plattform abhängig, denn du bist dort nur zu Gast. Die Strategie sollte sein, die Menschen, mit denen du auf den Social-Media-Kanälen verbunden bist, in deine E-Mail-Liste zu holen. Niemand weiß, wie sich diese Szene in den nächsten Jahren verändern wird.

Viele Gründerinnen meinen immer noch, es ist ein Muss und das Allheilmittel zur Kundengewinnung. Sieh diese Kanäle als Schaufenster fürs Business, zum Aufbau einer Beziehung mit Fans und Followern und zum Pflegen von Kontakten.

In der folgenden Aufstellung habe ich dir sowohl Social-Media-Kanäle aufgelistet als auch Suchmaschinen, die einen ähnlichen Charakter haben.

- **Facebook** (Profil, Creatorprofil, Seite, Gruppe, Messenger) – Wobei hier die Funktionalitäten in den letzten Jahren eher abgenommen haben bzw. sich durch die strengen DSGVO-Regeln laufend so viel ändert, dass ich an dieser Stelle nicht ins Detail gehen werde. Lies dazu meinen Blogbeitrag „Facebook für dein Marketing“:

  und folge mir gerne auf FB:

- **Instagram** – funktioniert über Reels, Videos, Bilder und Live-Videos. (Profil, Creatorprofil)

  und folge mir auf Instagram:

- **Twitter** (ehemalig) nun „**X**" – Kurznachrichtendienst, der gern von Politikern, Promis und Journalisten genutzt wird.

- **Pinterest** – Suchmaschine, die über Bilder funktioniert. Ehe du mit dieser Plattform beginnst, brauchst du entweder einen Blog mit rund 100 Beiträgen oder zahlreiche Produkte, für die du kurze Anleitungsvideos und Ideen erstellst. Hierfür benötigst du hochwertiges Foto- und Videomaterial. Sehr gut geeignet für Lifestyle, Fashion, Heimwerken, Kochen, Wohnen, Künstler und Coaches aus dem Gesundheits- und Mentalbereich.

- **Snapchat** – Nachrichtendienst für die jüngste Generation 14–24. Wenn deine Zielgruppe hier angesiedelt ist und die Plattform dir Nutzen bringt, macht es durchaus Sinn, dich dort einzubringen.

- **TikTok** – im Zeitalter des Videomarketings eine aktuell stark wachsende Plattform aus China, wo Unterhaltung an erster Stelle steht.

- **YouTube** – eine Suchmaschine, die über Videos funktioniert. Wie bei allen anderen Kanälen auch, möchte dieser seine User „bei sich" halten. Wenn du YouTube als eigenen Kanal siehst, kannst du dort diejenigen Menschen deiner Zielgruppe ansprechen, die lieber Video schauen und weniger gerne Blogbeiträge lesen. Erstelle informative Beiträge. Im Kapitel „YouTube als Chance: Sprich deine Zielgruppe über Videos an" von

Franziska Förster erfährst du mehr darüber, was YouTube für dein Marketing machen kann.

Hier findest du meinen YouTube-Kanal:

- **Vimeo** – eine weitere Suchmaschine für Videos mit erweiterten Features und ohne Werbeeinblendungen.

- **Xing** – Businessnetzwerk für die DACH-Region, das heute hauptsächlich von Recruitern genutzt wird.

- **LinkedIn** – aktuell die meistgenutzte Businessplattform der letzten Jahre. Hier hast du die Möglichkeit, ein äußerst detailliertes Profil, eine Unternehmensseite, Gruppen und Events zu erstellen.
  Folge mir auf LinkedIn:

- **Clubhouse** – eine Social-Media-App, die ausschließlich für Audio-Formate geeignet ist. Passt für Live-Podcasts, Live-Talks, Diskussionsrunden und Austausch.

- **Google myBusiness** – damit erreichen lokale Unternehmen Sichtbarkeit. Du kannst dort eine kleine Website erstellen, regelmäßig Updates aus deinem Business posten, Kunden animieren, dir eine Bewertung zu schreiben oder gar selber Bilder hochladen. Diese Einträge werden bei der Google-Suche und bei Google-Maps ausgespielt.

- **Messengerdienste und Bots** – neben E-Mails werden diese gerne zur Kundenkommunikation genutzt. Hier solltest du prüfen, was dir zusagt. Alle aufgeführten Messengerdienste geben die Möglichkeit, Gruppen zu erstellen. Bekannt sind WhatsApp, Telegram, Facebook-Messenger, Signal und andere.

Wie Social Media bei mir begann:

Die von mir zuallererst genutzte Social-Media-Plattform war 2005 Freenet, dort habe ich 2006 dann meinen zweiten Mann kennengelernt. Als ich 2007 erneut ein eigenes Business startete, sagte eine Nachbarin, die auch selbstständig war, zu mir: „Petra, du brauchst unbedingt Xing." Dort habe ich bis heute 12.978 Kontakte geknüpft und diese Plattform hat mir in der Zeit von 2007 bis 2020 hohe Sichtbarkeit, Reichweite und Bekanntheit gebracht. 2011 nahm ich Twitter und Facebook dazu und 2017 LinkedIn, YouTube und Instagram. 2020 kam dann Google myBusiness. Mit TikTok habe ich zweimal Anlauf genommen, doch bis heute konnte ich damit nicht warm werden.

Meine Social-Media-Strategie:

Einmal im Jahr schaue ich mir an, wie ich die Kanäle für meine zwei Unternehmen nutzen möchte. Ich verwende Instagram, Facebook, LinkedIn, YouTube und Google my-Business.

Stets sage ich: „Mach dich von keiner Plattform abhängig!“ Daran halte ich mich selber, und das ist gut so, denn im März 2023 war mein Instagram-Profil mit 2.350 Followern einfach so weg, und das mitten in einer Verkaufsaktion. Mein Lieblingskanal ist aktuell Facebook, mit 8.698 Followern. Ich liebe den Austausch und die Kommunikation mit Fans und Kolleginnen. Für mich sind alle Kanäle zusätzlich Wissensspeicher, Inspirationsquelle, Marktrecherchetool und bestens geeignet, um miteinander in Kontakt zu bleiben. „X“ (vormals Twitter) und Xing nutze ich nicht mehr. In TikTok bin ich nur Konsumentin.

5 Tipps für dein Social-Media-Marketing:

Profil – das A und O des Erfolges, vorausgesetzt, es ist aussagekräftig und aktuell. Deine Follower sollen auf den ersten Blick erkennen, wofür du die Expertin bist, welche Lösungen du bietest und wie sie mit dir in Kontakt treten können.

Foto – dazu gehören ein professionelles Businessfoto und ein individuelles Titelbild. Ich empfehle dir bezüglich Wiedererkennung, in allen Social-Media-Profilen das gleiche

Profilfoto zu verwenden und es weder zu oft zu wechseln noch zu selten. Ist dein Bild zwanzig Jahre alt, erkennen dich die Menschen nicht, wenn sie dich live treffen.

Uhrzeiten – es ist nicht egal, wann du postest. Schau dir in den Kanälen die Statistik an (im Instagram-Business-Profil heißen diese zum Beispiel „Insights“[18]) und beobachte, um welche Zeit deine Community online ist. Das ist je Zielgruppe und Kanal unterschiedlich. Auf einigen Plattformen gibt es die Möglichkeit, Beiträge vorauszuplanen.

Abhängigkeit – da deine Präsenz auf allen Social-Media-Kanälen auf „fremden Grundstücken“ gebaut sind, empfehle ich dir, auf keine Plattform angewiesen zu sein. Das kannst du vermeiden, indem du mehr Kanäle bedienst und deine Kontakte in externe E-Mail-Listen einlädst.

Freude – nur wenn du gute Energie hineingibst, wird diese zurückkommen. Nutze Social Medias, die zu dir passen und wo du Spaß dabei hast. Zwinge dich nicht, weil „alle es machen“, einen bestimmten Kanal zu bespielen, obwohl du keine Lust darauf hast.

Mehr Tipps zum Social-Media-Marketing findest du auf meinem Blog:

---

[18] Englisch für „Einblicke“

Messen, Kongresse – beide Formaten gibt es online sowie offline. Bei beiden kommt es immer auf das Ziel an. Wenn du direkt verkaufen möchtest, ist es wichtig, vorher genau zu recherchieren, ob das Publikum der jeweiligen Veranstaltung zu deiner Zielgruppe passt. Ich empfehle dir, Events, bei denen du überlegst, als Ausstellerin teilzunehmen, zuerst als Besucherin zu prüfen, damit du dir ein eigenes Bild machen kannst.

Ich selbst liebe Präsenzmessen und habe mit Messen und Kongressen, die ich sowohl als Besucherin, Ausstellerin, Speakerin oder Medienpartnerin besucht habe, in den letzten 13 Jahren mein Netzwerk ausgebaut, meinen Bekanntheitsgrad erhöht und zahlreiche Kundinnen und Auftraggeber gewonnen.

Testimonials – sind Kunden- oder Teilnehmerstimmen, die bei zukünftigen Interessenten Vertrauen schaffen sollen. Dazu gehören ebenso Buch-Rezensionen und Feedbacks von Leser*innen.

Text – Blog, Buch, Beiträge in Social Media, E-Book, Online-Magazin, Printmagazin, E-Mail-Marketing, Landingpage.

Tools – folgende Marketingtools nutze ich selbst. Prüfe, ob sie dich bei deinem Marketing unterstützen.

- Digistore24 – für Affiliate-Marketing
- ActivCampaign – für E-Mail-Marketing

- Canva – für das Erstellen von Bannern und Grafiken
- Zoom – Meeting-Plattform für Webinare

Veranstaltungen:

Online – können Vorträge, Seminare, Workshops, Lesungen, Partys und anderes sein. Wie im echten Leben. Der Begriff „Webseminar" ist markenrechtlich geschützt, du solltest ihn nicht als offiziellen Produktnamen gebrauchen.

Sieh diese Online-Veranstaltungen ebenso als Bühne für dich. Du verwendest sie für Launches[19], um Follower und/oder E-Mail-Adressen zu gewinnen. Dabei kannst du unterschiedliche Tools nutzen, z. B. Zoom oder Teams, und wählen, ob du das Event zusätzlich live in einen Social-Media-Kanal überträgst. Die Gestaltungsmöglichkeiten dabei sind vielfältig – PowerPoint-Präsentation, Flipchart, Pinnwand und viele weitere Tools stehen zur Verfügung.

Wie nutze ich selber Online-Veranstaltungen?

Ich liebe sie und habe dafür eine zu meiner Marke passende Bezeichnung gewählt: WebSeminare by PP, Online Live-Event by PP oder Online Workshop by PP.

Das erste Webseminar habe ich 2012 mit Spreed gemacht. Damals war es noch nicht möglich, die Zuhörer zu sehen, und so sprach ich im wahrsten Sinne des Wortes mit meinem Computer.

---

[19] Produktveröffentlichung, Produktpromotion

2020 nutzte ich einmal pro Monat für ein Jahr lang eine WebSeminar-Reihe mit wechselnden Themen zum Gewinnen von Fans.

Aktuell nutze ich WebSeminare zum Launchen meiner Mastermind by PP und weiteren Produkte.

Offline – Seminare, Workshops, Lesungen und Vorträge auf Präsenzbühnen sind ein geniales Marketinginstrument, damit dich Zielgruppe und Empfehlungsgeber persönlich kennenlernen. Möglichkeiten sind: selbst organisierte Events, solche deiner Community, Netzwerkveranstaltungen, Messen, Kongresse und vieles mehr. Die Kür ist, wenn du mit deinen Vorträgen *für* Unternehmen, Kongresse, Messen oder Netzwerken gebucht und bezahlt wirst.

Vorträge waren in den letzten 13 Jahren für mich ein wahrer Gamechanger. Begonnen hat es mit eigenen Bühnen (bei W.I.N), dann kamen Kongresse, Netzwerkveranstaltungen anderer Veranstalter und Unternehmen dazu, die mich auch heute noch regelmäßig buchen.

Auf meiner Website findest du einen Auszug meiner Referenzen und Testimonials von Vorträgen der letzten Jahre:

Videos – können sein: Livevideos, Reels, Videos und Shorts für deinen YouTube-Kanal, Livestreams, Livemitschnitte, Imagevideos …

Website – Die Website soll dich und dein Unternehmen stützen. Sieh sie als Schaufenster und Ort, wo Umsatz stattfindet. Den Umfang definieren deine Ziele. Beginne erst mit einer kleinen Page und vergrößere sie später, wenn dein Business wächst.

Deine Website sollte suchmaschinenoptimiert (SEO) sein, mit aussagekräftigen Texten, die deine Wunschkunden anziehen. Nicht jeder, der Websites macht, kann Design, Texte *und* SEO = Search Engine Optimization = Suchmaschinenoptimierung. Bedenke, was nützt dir eine Website, die keiner findet? Für SEO sind verschiedene Parameter wichtig. Im Kapitel „So wird deine Website gefunden“ von Eva Laspas findest du 5 Schritte, wie du SEO kinderleicht umsetzt. Ohne Technik.

Oft werde ich gefragt, womit man am besten die Website macht. Hier empfehle ich, weil es am leichtesten geht und du die Inhalte extern sichern kannst, Wordpress als Contentmanagement System (CMS). Es ist kostenlos und bietet unendlich viele Möglichkeiten für unterschiedliche Ansprüche. (Hole dir dabei Unterstützung von Fachleuten.)

Ausblick

Im zweiten Band meiner Serie „die Unternehmerin“ werde ich dir weitere Marketingmöglichkeiten präsentieren, die erst relevant sind, wenn dein Business auf sicheren Beinen steht.

Hier schon ein kleiner Vorgeschmack für dich:

- Presse- und Medienveröffentlichungen
- Affiliate-Marketing
- Imagemarketing
- Awardverleihungen
- Charitymarketing
- Sponsoring
- Fahrzeugwerbung
- Serviceclubs
- Online-Portale
- Agenturen
- Buchmarketing
- Institutionen, Kammern

Sei schon gespannt auf die Vielzahl. Jetzt lade ich dich ein, finde deine Marketing-Chancen und bring Kontinuität in die Sichtbarkeitsstrategien. Bleib dran, gib nicht zu schnell auf, achte auf Veränderungen auf dem Markt. Marketing verändert sich rasch.

Auf meinem Blog findest du in der Kategorie „Marketing für deinen Business-Erfolg“ unzählige Artikel, die dir zusätzliche Impulse geben.

Dieser QR-Code führt dich zu meinem Blog:

Abonniere meine News by PP, so erfährst du immer von den neusten Trends und Chancen:

YouTube als Chance: Sprich deine Zielgruppe über Videos an

Von Franziska Förster

In der heutigen digitalen Ära ist es wichtiger denn je, auf vielfältige Weise mit potenziellen Kunden zu interagieren und sie für dein Business zu begeistern. Hier kommt YouTube ins Spiel!

In diesem Beitrag zeige ich dir, warum diese Plattform eine geniale Marketingchance für dich ist, und gebe dir konkrete Tipps, um auf YouTube erfolgreich durchzustarten.

Warum ist YouTube für Unternehmer*innen so genial?

Die Plattform ist enorm populär. Mit über zwei Milliarden monatlich aktiven Nutzern weltweit bietet sie potenzielle Kunden jeder Zielgruppe. Du erreichst zum Beispiel gezielt Frauen zwischen 30 & 55, die genau an deinem Angebot interessiert sind. Indem du authentische und informative Videos erstellst, baust du Vertrauen auf, überzeugst deine Zielgruppe von deiner Kompetenz und schaffst eine Verbindung zu ihnen. So verkauft dein Kanal quasi von allein. Außerdem bietet dir YouTube eine Reihe von Vorteilen in Bezug auf Google SEO (Suchmaschinenoptimierung) wie zum Beispiel hohe Sichtbarkeit in den Google-Suchergebnissen deiner Videos, aber auch deiner Website, wenn du YouTube-Videos auf ihr verlinkst.

3 Vorteile von YouTube

Mit einem eigenen YouTube-Kanal

- erhöhst du Reichweite
- zeigst du Expertise
- stärkst du deine Marke

So startest du erfolgreich mit YouTube

- **Finde deine Nische:** Eine klare Positionierung ist der Schlüssel zum Erfolg.
- **Sei authentisch:** Lass deine Persönlichkeit in die Videos einfließen. Menschen schätzen Echtheit und werden dadurch stärker mit dir und deiner Marke verbunden.
- **Biete Mehrwert:** Denke daran, dass YouTube-Nutzer nach Informationen suchen. YouTube ist keine Werbeplattform per se. Erstelle wertvolle Inhalte, die ihr Leben bereichern und ihnen helfen, ihre Probleme zu lösen.
- **Kenne deine Zielgruppe:** Versetze dich in sie hinein und produziere Themen für SIE. So werden sie zu Fans und kaufen bei dir.
- Du musst nicht mit dem teuersten Equipment starten. Du wächst mit deinem Kanal und er wird mit dir wachsen.

4 Schritte, um auf YouTube erfolgreich zu sein

- Entwickle eine Strategie.
- Gestalte die Inhalte zielgerichtet und attraktiv.
- Baue den Kanal so auf, dass er dein Branding widerspiegelt und deine Zielgruppe anzieht.
- Schaffe eine kraftvolle Präsenz.

Wenn du nicht sicher bist, wie du anfangen sollst, stehe ich dir als erfahrene YouTube-Expertin dabei gern zur Seite. Recherche, Umsetzung, Pflege. Zusammen bauen wir deinen Kanal langfristig und nachhaltig auf, sodass deine Inhalte auch in 10 Jahren noch gefunden werden und nicht nach ein paar Tagen schon wieder verschwinden.

Franziska Förster

www.franziskava.de

So wird deine Website auch gefunden

Von Eva Laspas

Suchmaschinenoptimierung (SEO) ist ein Wort, bei dem viele Unternehmerinnen ihre Ohren verschließen. „Zu technisch!“, denkst auch du? Daher tust du nichts. Doch damit vergibst du dir die Chance, dass Suchmaschinen bei Anfragen deiner Zielgruppe deine Website vorschlagen.

In diesem Artikel zeige ich dir fünf simple Kniffe, wie du deine Website suchmaschinenoptimierst. Ohne Technik!

- **Suchmaschinen bewerten jede deiner Seiten gesondert – daher solltest du niemals zwei Seiten mit gleichem Thema haben**

Schaue gleich deine Website an und überprüfe, ob du zwei oder mehr Seiten mit ähnlichen Themen hast. Mache auf jeder Seite **ein** Thema klar, indem du eine eindeutige Überschrift zuweist.

- **Suchmaschinen bewerten die Inhalte deiner Website an der Verweildauer der Leser in Bezug auf die Suchanfrage**

Für jedes Thema (das nennt man auch „Keyword“) erstelle relevante Texte und halte mit Tipps und Checklisten deine Zielgruppe lange am Lesen. Den Rest lass die Suchmaschinen tun. Habe Geduld, es dauert rund acht Monate, bis sie deine Seite regelmäßig besuchen und in die Suchergebnisse aufnehmen.

- **Suchmaschinen lieben Struktur**

Der Inhalt jeder Seite sollte gut strukturiert sein. Das mögen deine Leser, die dann länger verweilen, aber auch Suchmaschinen, die kennen sich dadurch besser aus. Verwende Formatierungen wie z. B. Absätze, definierte Überschriften, Aufzählungszeichen oder Zitate.

- **Benenne deine Bilder ordentlich**

Mittlerweile können Suchmaschinen zwar schon Bilderinhalte lesen (Pinterest sowieso, Google hat damit begonnen), aber guten SEO erzeugen *Beschreibungen* bei den Bildern auf der Website, wenn sie relevant zu deinem Thema sind. Benenne die Bilddateien selbst themenspezifisch, ehe du sie hochlädst. Statt „DSC9222.jpg" solltest du z. B. „dein-thema_deine-domain.jpg" schreiben.

- **Installiere dir ein SEO-PlugIn (oder sonstiges Tool)**

Ich verwende auf allen Websites, die wir für unsere Kunden bauen, WordPress und installiere gleich das PlugIn „Yoast", das dir eine genaue Anleitung gibt, was noch zu optimieren ist. So lernst du Schritt für Schritt, deine Texte zeitgleich seo-fit zu schreiben.

- **Ist das alles – mehr gibt es für SEO nicht zu tun?**

Natürlich gibt es noch mehr, aber Text ist das Herz von SEO und das, was du leicht *selber* tun kannst. Damit kommunizierst du mit den Suchmaschinen, was sie in den Suchergebnissen darstellen sollen.

Wenn du nichts definierst, werden

- die erste Überschrift und
- die ersten 150 Zeichen deiner Website dargestellt.

Und manchmal heißt es da „Herzlich willkommen auf meiner Website!“, was kein relevantes Thema ist, oder?

Petra hat eines meiner SEO-Webinare besucht und darüber einen Blogartikel geschrieben – da findest du weitere Punkte für deine SEO Website:

Deine Eva Laspas

www.laspas.at

Auf den Punkt gebracht: Erfolgstipps by PP

Über die Jahre habe ich Sprüche gefunden, die mich motivieren. Ich notiere sie dir hier, eventuell passt ja auch einer davon für dich:

- „Aufgeben ist keine Option."
- „Geht nicht, gibt's nicht."
- „Krisen sind neue Chancen."
- „Es gibt für alles eine Lösung, auch wenn ich gerade nicht weiß, wo sie ist."
- „Wenn du erfolgreich sein willst, dann sei es."
- „Umsatz kommt von Umsetzung."
- „Machen ist wie wollen, nur krasser."
- „Wer nicht mit der Zeit geht, geht mit der Zeit."
- „Freude ist die Essenz des Erfolgs."

Im Laufe der Jahre habe ich viel gesehen, noch mehr ausprobiert, bin in „Fettnäpfchen" getreten und habe wieder weitergemacht. Krisen und Herausforderungen haben mich und meinen Erfahrungsschatz wachsen lassen. Heute teile ich diese Erfolgstipps mit meinen Mentees und hier auch mit dir.

Hier eine Sammlung der Learnings, wähle diejenigen, die für dich passen!

Don’ts für deinen Businessaufbau

Ungeduld lässt grüßen

Ungeduld hat was Positives, doch wenn sie dich unter Druck setzt, du Schritt Z vor A machst, verursacht sie schnell Stress und verbrennt Geld. Geh langsam, dafür aber stetig und vertraue deinen Fähigkeiten.

Wenn du heute einen Apfelbaum pflanzt, kannst du erst in einigen Jahren Früchte ernten. So ist es auch im Business, manche Abläufe brauchen Zeit. Leg dir daher als Symbol stets einen Apfel auf den Schreibtisch. Er ist nicht nur gesund, sondern soll dich an „Geduld“ erinnern.

Marketing vor Positionierung

Hör auf, Marketing zu machen, wenn du nicht weißt,

- was dich einzigartig macht – Persönlichkeit.
- wofür du stehst – Positionierung.
- wen du erreichen möchtest – Zielgruppe.
- welche Lösungen du bringst – Angebot.
- was du kostest – Preise/Honorare.

Printprodukte für den Papierkorb drucken

Drucke Visitenkarten und Flyer nicht zu früh, sonst verbrennst du massiv Geld, weil sie keine Wirkung bringen. Eine kleine Stückzahl sichert, dass nicht so viel davon im Papierkorb landet.

Eine Visitenkarte macht noch keinen Umsatz.

Website ohne Strategie
Bevor du beim Profi deine Webseite, also deine Visitenkarte im Web, beauftragst, schaffe dir Klarheit über deine Positionierung.

Wer „alle" möchte, bekommt „keinen"
Wenn du dich für eine Zielgruppe entscheidest, ist das kein Verzicht, sondern ein großer Gewinn für deine fruchtende Kundenanziehung.

Ads als Allheilmittel
Investiere nicht zu früh in Ads, d. h. in *bezahlte* Werbung. Organische Reichweite geht vor.

Vergleichen ist tödlich
Du bist einzigartig, dein Business ebenso. Jeder Vergleich mit anderen wird dich frustrieren.

Das Umfeld bestimmt deinen Erfolg
Du bist *der* Durchschnitt der fünf Menschen, mit denen du dich täglich umgibst. Finde Freunde und Sparringspartnerinnen, die dich unterstützen.

Aufs Netzwerken verzichten oder vergessen
Sei nicht der Meinung, Marketing ersetze das Netzwerken. Empfehlungen bereichern dein Business und bringen Leichtigkeit und Freude.

Hör auf, kleine Brötchen zu backen

- Tiefstapeln war gestern. Du bist gut, wie du bist. Du

erreichst genau das, was du dir heute vorstellen kannst.
- Kleinunternehmerregelung birgt definitiv das falsche Mindset, denn wer klein möchte, bekommt klein.

Du musst nicht auf allen Hochzeiten tanzen

Verzettele dich nicht, du brauchst nicht *jede* Marketingchance zu nutzen. Finde deinen Weg und dann geh ihn. „Höher – schneller – weiter" muss nicht deine Gangart sein.

Lass dich nicht blenden

Rosa Glitzer in Online-Medien ist nicht immer Realität. Manche Marketingaktionen täuschen nur und frustrieren.

Abhängigkeiten sind tödlich

Mach dich von nichts und niemandem abhängig. In Social-Media-Kanälen bist du nur zu Gast. Baue dein Businesshaus nicht auf diese „fremden Grundstücke".

Vollzeit-Selbstständigkeit oder 24/7

Eine Vollzeit-Selbstständigkeit heißt nicht „selbst und ständig" zu arbeiten und *immer* für deine Kunden da zu sein. Auch mit wenigen Stunden pro Woche kannst du ein erfolgreiches Business führen.

Wer allein arbeitet, addiert

Hör auf, dich in jedes Tool einzuarbeiten, denn das führt nur zu Frust. Suche dir Expert*innen, die in weniger Zeit mit mehr Freude diese Tätigkeiten erledigen. Fang an, zu delegieren, und baue dir ein eigenes Team auf. Starte mit einer virtuellen Assistentin – was dabei zu berücksichtigen ist, liest du im Kapitel „Mehr Zeit für dich mit einem Team" von Sabrina Ünal.

Dich zum Knecht deiner Kunden machen

Dazu gehört, zu jeder Tages- und Nachtzeit die Whatsapp-Nachrichten deiner Kunden zu beantworten. Mach dich rar und bestimme selbst über deine Zeit.

Die günstigste Liese sein

Ein Produkt oder eine Dienstleistung wird nie über den Preis verkauft. Orientiere dich nicht an den billigsten Anbietern, nur weil du meinst, dann verkaufst du mehr.

Nach Perfektionismus streben

Stehe dir mit Perfektionismus nicht selbst im Weg. Zum Beispiel: „Meine Website kann noch nicht öffentlich gestellt werden, weil sie nicht fertig ist!" Ganz ehrlich: Sie wird das nie. Erkenne also deine Ausreden!

Angst vor Fehlern

Wer nix macht, kann keine Fehler machen. Wir dürfen aber Fehler machen! Wenn wir aus ihnen lernen, bringt uns das richtig weiter.

Dein Licht unter den Scheffel stellen

Hör auf, dich selbst kleinzumachen, dich zu kritisieren und immer zu meinen, du bist noch nicht gut genug.

Von allen geliebt werden wollen

Es jedem recht zu machen, wirst du niemals schaffen. Musst du auch nicht. 50 Prozent deiner Community werden dein Tun nicht immer gut finden. Das ist normal.

Sei keine Ja-Sagerin

Ja sagen und Nein meinen bringt Frust. Sage nicht Ja, um anderen einen Gefallen zu tun.

Angst vor Konkurrenz

Es gibt Tausende, die das gleiche Business haben wie du, dennoch fühlst du es nicht als Wettbewerb, wenn du deine *Einzigartigkeit* kennst. Es ist für alle genug da.

Konsumieren und lernen statt handeln

Ein weiterer Kurs, ein Coaching, ein zusätzlicher Selbstlernkurs, noch ein Mentoringprogramm, wieder eine Ausbildung, das dritte Studium – statt endlich in die Umsetzung zu kommen.

Dich nicht zeigen

Du bist wichtig. Verstecke dich nicht hinter Produkten und Dienstleistungen, deiner Website oder dem schönen Beratungsraum. Menschen kaufen von Menschen und deshalb bist du wichtig. Zeig dich so, wie du bist.

Bequemlichkeitszone nicht verlassen

Wenn du stets das machst, was du schon immer getan hast, wirst du die gleichen Ergebnisse bekommen. Möchtest du andere Resultate, sei bereit, neue Wege zu gehen und deine Komfortzone zu verlassen.

Viel hilft viel

Eine weitere Marketingaktion, noch ein Produkt, ein zusätzlicher Social-Media-Kanal und es fruchtet dennoch nicht. Bleibe mal stehen und fokussiere dich mehr.

Unprofessionelle Kommunikation

Dazu gehört zum Beispiel:

- eine professionelle E-Mail-Adresse (keine gmx und web.de Mailadresse),
- eine aussagekräftige Signatur und
- dass du deine E-Mails und Messengeranfragen auf den Social-Media-Kanälen regelmäßig beantwortest.

Unverbindlichkeit

Wenn du nicht verbindlich und zuverlässig bist, nehmen dich deine Kunden und Geschäftspartner nicht ernst.

Bikinifotos

Können nett sein, aber in deinem Profilbild auf den Social Medias passen sie nicht.

Gelddrama

Geld kommt nur zu dir, wenn du es magst. Liebe es und nimm es wertschätzend an.

Erfolgsstrategien by PP

Ich persönlich war schon immer der Meinung: Erfolg ist

planbar. Hier zeige ich dir meine wichtigsten Erfolgstipps. Wähle aus der Vielzahl aus, was dich weiterbringt.

Zeit ist unser kostbares Gut. Erfolgreiches weibliches Unternehmertum braucht ein ausgeklügeltes Zeitmanagement.

24 Zeitmanagement-Tipps by PP

- Ein NEIN zu anderen ist ein JA zu dir und verschafft Zeit.
- Private Termine gehören zuerst in den Kalender.
- ICHzeit ist wertvoll. Du bist wichtig.
- Weniger kann mehr sein.
- Agieren statt reagieren.
- Werde du die Chefin deiner Zeit.
- Kenne deine Rollen und ordne sie nach Priorität.
- Die 10-Minuten-Regel kürzt deine To-Do-Liste. Alles, was weniger als 10 Minuten benötigt, erledigst du sofort.
- Hör auf, lange Listen zu schreiben, sie frustrieren dich nur.
- Technik erleichtert das Leben.
- Dein Netzwerk spart dir Zeit.
- Lerne zu delegieren.
- Sterbe nicht im Perfektionismus. Unter dem Motto „Es kann eh keiner so gut wie ich“.
- Blockweise arbeiten verhindert, dass du dich verzettelst und dich immer wieder neu reindenken musst.
- Lerne, Prioritäten zu setzen.

- Arbeite fokussiert und effektiv.
- Kenne deine Ziele. Sie helfen dir, den Fokus zu behalten.
- Als Unternehmerin arbeite 50 Prozent in und 50 Prozent an deinem Unternehmen.
- Verplane dich nicht zu 100 Prozent. Lass dir immer 20 Prozent Zeitpuffer, wenn Unvorhergesehenes dazwischenkommt.
- Erkenne die Tätigkeiten, die dir Zeit rauben und delegiere sie.
- Umgib dich mit Menschen, die dir guttun und trenne dich von Energievampiren.

Was brauchst du für ein nachhaltiges Business?

- **Reputation** – dazu gehören Testimonials, Kundenbewertungen, Kundenstimmen und Buch-Rezensionen. Hole dir diese von begeisterten Kunden ein. Nutze Bewertungsportale wie z. B. Provenexpert. Hier findest du mein Profil. Ich freue mich auf deine Bewertung:

- **Qualität** – deiner Produkte und Dienstleistungen. Biete Kunden echten Mehrwert und schau dir immer wieder an, wie du deine Angebote optimieren kannst.
- **Ehrliche Arbeit** – mach keine falschen Versprechungen, prüfe, ob dein Produkt zu dem Kunden passt

und ihm Unterstützung für sein Wachstum bringt. Sag lieber einmal mehr Nein und empfehle ihm etwas anderes.

- **Verkaufen lernen** – dazu gehören sowohl Strategie als auch Kenntnisse zur Gesprächsführung. Ich liebe es, und du?
- **Website, Landingpage** – jetzt wirst du sagen, das ist doch klar. Es gibt immer noch Unternehmerinnen, die von Facebook & Co abhängig sind und keine eigene Website haben. Leiste dir einen Webauftritt, nutze für den Verkauf deiner Produkte Landingpages und optimiere beides für die Suchmaschinen.
- **E-Mail-Liste aufbauen** – hast du schon eine, baue sie täglich aus. Das kannst du organisch oder mit Ads machen. Wenn du noch keinen E-Mail-Verteiler hast, empfehle ich dir mein E-Book „E-Mail-Marketing leicht gemacht“:

- **Wunschkunde** – definiere ihn exakt und prüfe, wie er sich in den letzten Jahren verändert hat. Ich kenne das von mir. Es kommt so mehr Klarheit rein. Den Wunschkunden zu bestimmen, ist einer der wichtigsten Erfolgsschlüssel.
- **Spiritualität im Business** – gehört für mich genauso dazu wie Marketing-Strategie. Es bieten sich viele Möglichkeiten an: Maya-Kalender, Mondkalender,

Human Design, Astrologie. Wähle, was zu dir passt. Seit drei Jahren setze ich in meinem Unternehmen einige Methoden erfolgreich ein.

- **Kalkulation deiner Angebote** – überprüfe Honorare, Kursgebühren und Preise regelmäßig, ob sie noch zu deinen Werten und Träumen passen. Kalkuliere dabei auch Löhne und/oder Kosten der externen Dienstleister hinein. Kontrolliere beim *Einkaufen*, welches Produkt was kostet und ob der Preis dem Ergebnis für dich entspricht.
- **Team aufbauen** – damit kommst du aus dem Hamsterrad von „selbst und ständig". Es gibt Expert*innen zu fast allen Tätigkeiten, die arbeiten in weniger Zeit mit viel mehr Freude.
- **Affiliate-Marketing** – ist der Multiplikator für jedes Business. Teile deine Umsätze und gewinne somit auf mehrfache Weise.

24 motivierende Erfolgstipps by PP

- Bleib dran. Gib nicht beim ersten Sturm auf, sondern setze die Segel neu.
- Aufgeben ist keine Option. Egal wie stark der Gegenwind ist, mach weiter.
- Machen, und zwar *einfach*. Werde eine starke Umsetzerin.
- Sei du selbst, denn alle anderen gibt es schon.
- Zeig dich authentisch und echt. Schlüpfe nicht in eine unpassende Rolle.
- Sei Vorbild und Wegweiserin für andere Frauen.
- Sei risikobereit, mutig und innovativ.

- Investiere in dich und dein Unternehmen
- Kenne deine Energietankstellen und Energieräuber.
- Umsatz kommt von Umsetzung.
- In der Vorbereitung liegt die Kraft
- Glaube an dich und vertraue dir.
- Bleib in der Freude, sie ist die Essenz deines Erfolgs.
- Liebe, was du tust, und vor allem dich selbst.
- Feiere deine Erfolge und dich.
- Lächele, und das Leben lächelt zurück.
- Warte nicht auf den perfekten Moment.
- Im Vergeben zeigt sich die wahre Größe.
- Sei stolz auf dich und alles, was du schon erreicht hast.
- Wenn du erfolgreich sein willst, dann sei es.
- Starte unperfekt, statt zu warten.
- Hör auf dein Bauchgefühl, es hat immer recht.
- Sorge für dich und deine Gesundheit.

Erfolgsformel by PP

Effektivität + Fokus + Prioritäten + Machen – Störfaktor = Erfolg

Zufriedene Kundenformel by PP

Strategie + Intuition + Authentizität = Vertrauen

Deine Reise zu mehr Selbstbewusstsein, Ausstrahlung und Sichtbarkeit

Von Monika Färber

Anna war schon immer eine schüchterne und unsichere Frau. Sie fühlte sich oft unwohl in ihrer Haut und hatte Schwierigkeiten, ihre Persönlichkeit zu zeigen. Das Schlimmste aber war, im Beruf „unsichtbar" zu sein. Daher konnte sie ihr Potenzial nicht nach außen tragen und wurde für ihre Zielgruppe nicht sichtbar. So blieben ausreichend Kunden aus, und sie überlegte, wieder in eine Anstellung zu gehen. Das war natürlich keine Option und so suchte sie einen Ausweg. Eine Farb- und Stilberatung bei mir war die Lösung.

Nutze die Wirkung der Farben

Nicht jede Farbe passt zu jedem Menschen. Manche bewirken, dass Falten optisch stärker hervortreten, andere wiederum schmeicheln und lassen einen jünger erscheinen.

Übrigens: Farben wirken immer, egal, ob als Kleidungsstück oder in der Einrichtung der Wohnung. Zwei Beispiele:

- Rot ist die Powerfarbe pur, sie vermittelt Kraft und Vitalität

- Gelb bringt Sonne ins Leben und bewirkt pure Lebensfreude

Bei der Farbberatung zeigte ich Anna vor dem Spiegel mittels Farbmuster, welche Wirkung Farben haben können. Mit der passenden erstrahlten ihre blauen Augen und ihr Teint wirkte wie von der Sonne geküsst.

Farben sollen harmonieren mit
- dem Teint
- der Haarfarbe
- der Augenfarbe

Setze es sofort um: Tritt vor einen großen Spiegel und halte einige deiner Kleidungsstücke (in gutem Licht) unters Gesicht. So erkennst du, welche Farben ein frisches Aussehen fördern.

Betone deine einzigartige Persönlichkeit durch individuellen Stil

So wie bei den Farben können auch bestimmte Kleidungsstile unsere Persönlichkeit stützen. Anna erkannte schnell, dass ihr Kleiderschrank eine Mischung aus verschiedensten Stilen war, die nicht zu ihrer Einzigartigkeit passten. Gemeinsam definierten wir ihren Stil und wählten die richtige Kleidung aus. Sie lernte, ihre Figur hervorzuheben, und dadurch selbstbewusster zu sein.

Setze es gleich um: Welches Kleidungsstück unterstreicht deine Persönlichkeit?

Zum Stil gehört auch passendes Make-up. Um bei Kunden zu wirken und nicht „angemalt“ auszusehen, genügen schon einige Akzente.

Es geht bei Make-up darum, die richtige Balance zu finden, die zu deinem persönlichen Stil, deinem Arbeitsumfeld und vor allem zu dir und deiner Persönlichkeit passt!

Nutze Farbe und Stil für dein Business

Durch den Veränderungsprozess erfährst du vor allem eines: dich zu lieben und anzunehmen. Du erkennst, dass wahre Attraktivität aus dir selbst kommt und dass es wichtig ist, sich treu zu bleiben. Farbe, Stil und Make-up sind wesentliche Werkzeuge, um deine innere Schönheit nach außen zu tragen. Damit lernst du, dich selbst zu akzeptieren und zu feiern, und das strahlst du in allem aus, was du tust!

Und Anna? Sie ist heute nicht mehr die schüchterne Frau, sondern eine selbstbewusste Unternehmerin, die sich ihrer Stärken bewusst ist und diese im Außen betont!

Übungen für dein Selbstbewusstsein

- Mache dir täglich vor dem Spiegel ein ehrliches Kompliment!
- Gehe bewusst. Richtige dich auf, kippe dein Becken nach vorn, mache längere Schritte und schwinge deine Hüften stärker als gewohnt.

Sei stolz auf deine Weiblichkeit!
Entfalte deine Persönlichkeit!
Zeige der Welt dein Potential!

Monika Färber

www.deine-art.com

Damit du Erfolg lange genießen kannst – 3 Tipps für deine Gesundheit

Von Christine Haider

Begeisterung zu Blumen und Dekorationen waren mein Grund, weshalb ich ein Blumengeschäft eröffnete, nachdem ich 12 Jahre bei KLM Royal Dutch Airlines beschäftigt gewesen war.

Es war toll, für Porsche zu arbeiten oder für Ferrari, Arztpraxen, Firmen und Hotels die Blumendekoration zu gestalten. 80 Arbeitsstunden wöchentlich waren normal. Selten Urlaub, wenig Entspannung, kaum Kontakte zu Freunden.

So fein die Zeit war, nach 14 Jahren war ich ausgelaugt, weil ich vor lauter Euphorie für den Beruf meinen Körper überbeansprucht hatte. Damit nützte mir auch die Begeisterung fürs Unternehmen nichts mehr.

Um es anderen leichter zu machen, habe ich mit 60 Jahren mein Leben nochmal vollends umgekrempelt. Heute begleite ich Menschen, die an Körper und Geist aktiv bleiben wollen, mit Gehirnfitnesstraining und Neuroathletik. Es ist nie zu früh und nie zu spät für Prävention.

3 Säulen für deine Gesundheit

Entscheidend für dich – deine Gesundheit beginnt im Kopf!

Generell wichtig ist:

- Entspannungstechniken in deinen Alltag integrieren.
- Vermeide Überstunden. Mache das, was du liebst, z. B. Meditation, Lesen oder ein warmes Bad.
- Triff dich mit Freunden, hab Spaß.
- Sorge für ausreichenden Schlaf. Dabei wird dein Recycling-System in Gang gesetzt.

1) Kraftvolle Gedanken

können dazu beitragen, Stress und negative Emotionen zu reduzieren. Du fühlst dich insgesamt wohler, dein Immunsystem wird gestärkt, und du kannst besser mit den Herausforderungen des Lebens umgehen.

2) Ernährung

soll ausgewogen sein, mit frischen und natürlichen Lebensmitteln (kein Fastfood) und bevorzugt selbst gekocht.

3) Bewegung von Körper und Geist

- Körperliche Aktivität ist ein wichtiger Bestandteil eines gesunden Lebensstils.

- Plane regelmäßige Bewegungspausen in den Arbeitsalltag ein. Selbst wenn du im Büro arbeitest, gibt es Möglichkeiten, aktiv zu bleiben.
- Höre nie auf, Neues zu lernen, damit bleibt dein Gehirn in Bewegung und das ist u. a. die beste Prävention gegen Demenz/Alzheimer.

Hier gebe ich dir noch zwei kleine Übungen mit:

Neue Vernetzungen im Gehirn anlegen

Probiere mit deiner schreibungewohnten Hand zu schreiben. (Bist du Rechtshänderin, verwende die linke Hand und umgekehrt.) Diese Übung koordiniert beide Gehirnhälften, bringt dich ins Hier und Jetzt und lässt die Zeit wieder länger erscheinen!

- Starte mit deinem Namen und mit Blockbuchstaben.
- Versuche dich dann in der Schreibschrift.
- Später kannst du auch die Küche mit der „neuen" Hand erobern – aber Vorsicht beim Zwiebelschneiden!
- Lass dir Zeit mit den Tätigkeiten und habe Spaß!

Merkfähigkeit erhalten

Unser Gehirn ist bis zum Lebensende merkfähig. Die Voraussetzung ist, dass du diese Fähigkeit trainierst.

Starte damit, regelmäßig neue Gedichte auswendig zu lernen, und mache dir auch den Spaß, sie emotional zu rezitieren.

Ich wünsche dir Kraft, Energie und Freude in deinem Business. Schätze dich selbst wertvoll und wichtig. Und achte auf deine Bedürfnisse und Gesundheit.

Christine Haider

Gehirnfitnesstrainerin und Ernährungsberaterin

www.naturundleben.com

Seelen- & Energiebewusstsein = Freude & Erfolg

Von Sylan – Sylvia Annett Bräuning

Marketing, Website, Social Media usw. Ja, alles wichtig! Doch was nützt es dir, wenn du an deiner Sichtbarkeit arbeitest, eine tolle Website hast, aber unbewusste Blockaden und Ängste dazu führen, dass du nicht gesehen wirst? Wenn du damit potenzielle Kunden sogar energetisch von dir stößt, statt sie anzuziehen?

Für deinen Erfolg mit Leichtigkeit und Freude ist es wichtig, in Verbundenheit mit dir *Selbst* zu sein. Damit erhältst du genau die Impulse und Ideen, die du jeweils brauchst. Diese Verbundenheit hilft dir, deinen Seelenweg zu gehen, denn dieser gibt dir Energie. Intuition ist dabei deine innere Führung, welche dir hilft, Wünsche und Ziele mühelos und mit Freude zu erreichen.

Also: Kennst du deine Seelenessenz und folgst deiner inneren Führung, ist der Erfolg gewiss!

In meiner nun über 30-jährigen Selbstständigkeit in heilpraktischer Tätigkeit habe ich oft gesehen, wie Frauen den männlichen Weg gehen und es sich schwer machen. In allen Lebensbereichen, ob Business oder Gesundheit, wird das Pferd von hinten aufgezäumt. Es wird Zeit und Geld in Außenwirkung gesteckt und die innere Arbeit vernachlässigt.

Der Weg des Egos und Verstandes bringt oft Schwere und Schmerz mit sich. Universell gesehen sind das zwar Erfahrungen, um zu dir SELBST zu kommen, und somit sind sie auch wertvoll. Aber sie kosten Zeit, Geld und Nerven. So geben viele auf oder halten sich klein.

Ein Beispiel: Eine meiner Kundinnen ist als Coach tätig. Bei unserer Arbeit stellte sich heraus, sie möchte eine kleine Frühstückspension haben. Ist dies der Seelenwunsch, wird das Coachingbusiness nie erfolgreich oder nur mit äußerster Anstrengung. Das Seelenbusiness jedoch fügt sich automatisch, sobald man seine Energien dahin lenkt.

10 Punkte, wie du mehr Energie ins Business bekommst:

- Kläre deine Emotionen und mentalen Themen. So wird der Erfolg **privat** und im **Business** eintreten. Beides bedingt sich und sollte Energie geben, statt diese zu nehmen.
- Kläre deine unbewussten Themen, sie rauben dir Kraft und führen zu Umwegen.
- Schaffe Klarheit im Inneren, und du erkennst die nächsten Schritte im Außen.
- Kläre deine unbewussten Ebenen, Energiefelder und Energiekörper.
- Verbinde innen und außen sowie Herz und Verstand.
- Achte auf deine Energie, Schwingung und Frequenz. Hohe Schwingung, wie z. B. Freude, wirkt ansteckend und magnetisch.

- Hole Freudebringer in deinen Alltag, sorge für genug Ausgleich zum Energietanken.
- Bring Magie ins Leben. Erkenne, das Leben meint es immer gut mit dir.
- Lerne Zeichen zu lesen und die richtigen Schritte einzuleiten, so wird dir Erfolg in Freude und Leichtigkeit gewiss sein.
- Freude ist immer Baustein, aber auch Wegweiser. Am Grad der Freude erkennst du, ob du auf dem Seelenweg bist. Achte auf deine Energie und folge den Impulsen der Seele!

Hängst du bei dem einen oder anderen Thema, melde dich bei mir – ich habe viele wertvolle Techniken und Module entwickelt, wie das Leben leicht und freudig geht.

Sylan – Sylvia Annett Bräuning

www.sylvia-annett-braeuning.de

Handlungsaufforderung an dich – jetzt bist du dran!

Glückwunsch, dass du das Buch bis zum Schluss gelesen hast – du meinst es wirklich ernst! Damit du für dich den größtmöglichen Mehrwert herausziehst, ist es jetzt wichtig, dass du in die Umsetzung kommst. Du kannst noch so viele Bücher lesen, Studien und Ausbildungen machen, sie allein werden nichts in deinem Business und Leben ändern.

Frage dich jetzt: „Welche Impulse aus dem Buch passen zu mir? Wie möchte ich sie umsetzen?"

Geh dabei immer schrittweise und im eigenen Tempo vor. Das Buch ist ein Arbeitsbuch, das du öfter wieder zur Hand nehmen solltest. Kontrolliere regelmäßig, was dich deinen Zielen näherbringt, sodass du deine Träume leben kannst.

Erlaube dir, Dienstleister, Expert*innen und Mentor*innen um Rat zu fragen. Wenn ich dich unterstützen kann, schreib mir eine E-Mail an: info@petrapolk.com.

Mein Team oder ich melden uns bei dir innerhalb von 48 Stunden.

Du kannst jederzeit mit den Co-Autorinnen dieses Buches direkt in Kontakt treten. Wenn du Empfehlungen für Themen brauchst, die du bei keiner Autorin hier findest, schreib uns eine E-Mail mit deinem Anliegen, wir schauen, wer in meinem Netzwerk dich dabei unterstützen kann.

Wir wünschen dir viel Erfolg beim Aufbau deines nachhaltigen Business, das dich mit Freude und Leichtigkeit erfüllt und dich deine Träume leben lässt.

Deine Petra

Mentorin für weiblichen Erfolg im Business und Co-Autorinnen

„die Unternehmerin" unternimmt was,
jetzt bist du dran ...

Co-Autorinnen

Sylan – Sylvia Annett Bräuning ist Seelenmentorin, Bewusstseinsalchemistin, Impulsgeberin, Autorin & Entwicklerin der Energieschlüssel, über 30 Jahre erfolgreiche Unternehmerin und begleitet Menschen auf dem Weg zu sich SELBST.

seelencoaching.online/kostenloses-angebot/

Monika Färber ist Stylingexpertin für die Persönlichkeitsentfaltung und begleitet Frauen zur Entfaltung ihrer Persönlichkeit, ihres Selbstwertes und ihrer Weiblichkeit durch individuellen Stil, Farben und Make-up.

deine-art.com

Franziska Förster begleitet als Expertin für YouTube & Videoschnitt intensiv auf dem Weg zu einem starken, einzigartigen & authentischen Auftritt auf YouTube. Franziskas Video All-Inclusive: Leicht & effektiv zur Sichtbarkeit!

franziskava.de

Christine Haider ist Ernährungsberaterin und Gehirnfitnesstrainerin, Expertin für präventive Bewegungsarbeit zur Verbesserung und zum Erhalt der geistigen Leistungsfähigkeit mit einem effektiven Trainingsprogramm und maßgeschneiderten Übungen.

naturundleben.com

Eva Laspas ist Kommunikationsexpertin und ermutigt Unternehmerinnen, ihre Einzigartigkeit zu leben und diese durch individuelle Kommunikation im Business-Kontext durch Design, Bild, Text und Marketing auszudrücken.

laspas.at

Julia Loder ist Marketing-Expertin für bewusste Menschen. Ihre Gabe, intuitiv im Feld lesen zu können (z. B. anhand eines Vision Boards) macht sie einzigartig.

julia-loder.de

Birgit Lütkehölter ist Expert-Yourself Mentorin und hilft Unternehmerinnen, erfolgreich und gelassen ihren eigenen Weg zu gehen. Sie ist Gestalttherapeutin Counselor grad. BVPPT, Heilpraktikerin, HeartMath®Trainerin und Ausbilderin für ThetaHealing®.

heilpraxis-luetkehoelter.de

Corina Puskaric erstellt für unterschiedliche Branchen Elevator-Pitches in Gedichtform, damit diese mehr Ansprache und gewinnbringende Abschlüsse erzielen. Außerdem schreibt sie Gedichte für Privat-Events und magische Kinderbücher.

die-gedichte-fee.de

Sabine Sobotka begleitet Menschen begeisternd, humorvoll, intuitiv und mit langjähriger Erfahrung durch Potenzialentfaltung (Human Design und Astrologie) sowie Public Speaking Training auf innere und äußere Bühnen der Selbstermächtigung.

sabinesobotka.com/human-design/

Sabrina Ünal ist Expertin für „Business- und Teamaufbau" und vermittelt gemeinsam mit Geschäftspartnerin Liane Eiberger Unternehmerinnen virtuelle Assistent*innen, um Business-Wachstum zu ermöglichen.

va-vermittlung.de

Danksagung

In diesem Buch steht: Gemeinsam geht es leichter und macht mehr Freude. Ich selbst *schreibe* das aber nicht nur oder spreche in meinen Vorträgen darüber, sondern lebe es auch täglich.

So ein Buch ist Teamwork par excellence und in Gemeinschaft geht alles leichter.

Ich möchte DANKE sagen an:

- meine Eltern, sie haben mich auf den Weg gebracht.
- meine Coaches, Mentorinnen, Geschäftspartnerinnen und Freundinnen.
- alle Autorinnen für ihre Beiträge im Buch und das gemeinsam in die Welt tragen.
- alle Leserinnen, die es schon vorher bestellt haben und es in Zukunft lesen.
- Eva Laspas und ihr Team für das Lektorat, Korrektorat, Grafik, Satz und die Projektleitung.
- meine Fans, Follower und Kontakte, die mich dabei unterstützen, dass viele Frauen von dem Buch erfahren.
- mein Team für die Unterstützung im Backoffice und das Rückenfreihalten.
- meine Kundinnen für das Vertrauen und die Treue.
- meine Fans, Follower und Kontakte für die Inspiration.

DANKE an mich, für ...

- das Durchhalten und Dranbleiben.

- die kostbare Lebenszeit, die in dem Buch steckt.
- das Verbinden der Buchpartnerinnen untereinander und mit den Leserinnen.
- das Inspirieren der Leserinnen.
- das Teilen der Erfahrungen und des Wissens.

Das schönste Dankeschön von dir an mich ist: Wenn du mit Unterstützung dieses Buches deinen Weg findest und gehst. Lass mich gern an deinen Erfolgen teilhaben.

Meine persönliche Vision ist, dass jede Frau auf der Welt genau so leben kann, wie sie es sich wünscht. Ich freue mich, wenn dich dieses Buch deinen Träumen näherbringt.

Produkte by PP – arbeite mit Petra Polk

Petra Polk
Speakerin für weiblichen Erfolg im Business

Buchen Sie Petra Polk für

- Keynotes
- Vorträge
- Moderation auf Podien
- Interviews

Möglich zu den Themen:

- Erfolg
- Verkauf
- Marketing
- Netzwerken
- Businessaufbau
- Markenbranding
- Businesswachstum
- Unternehmertum

In der Imagebroschüre finden Sie mehr zur Speakerin Petra Polk:

Petra Polk
Mentorin für weiblichen Erfolg im Business

Zu den Themen:

- Aufbau deines Business
- Wachstum deiner Persönlichkeit
- Wachstum deines Business
- Change im Business
- Markenaufbau & Markenbranding
- Bühnen als Business – Speakerin
- Bücher für dein Business – Autorin

So kannst du mit mir dein Business kreieren und optimieren:

- 1:1 Mentoring by PP
- Mastermind by PP
- Retreats oder Bootcamps by PP

Anfragen bitte unter info@petrapolk.com

Abonniere meinen Podcast:

Buchtipps

Bewusstsein im Leben
Lebensfreude – Achtsamkeit – Leichtigkeit
Hrgb. Eva Laspas, Petra Polk
Petra Polk Verlag
ISBN 978-3-9821968-7-9 (Print)
ISBN 978-3-9821968-8-6 (eBook)

Achtsamkeit und Resilienz im Leben
Die Schlüssel zum Erfolg
Hrgb. Eva Laspas, Petra Polk
Petra Polk Verlag
ISBN 978-3-9821968-9-3 (Print)
ISBN 978-3-9824354-0-4 (eBook)

Mehr Gelassenheit im Leben
So hat Stress keine Chance
Hrgb. Eva Laspas, Petra Polk
Petra Polk Verlag
ISBN 978-3-9821968-3-1 (Print)
ISBN 978-3-9821968-4-8 (eBook)

Weiblich erfolgreich
Wie Frauen ihren Weg gehen
Hrgb. Eva Laspas, Petra Polk
Petra Polk Verlag
ISBN 978-3-9821968-0-0 (Print)
ISBN 978-3-9821968-1-7 (eBook)

Mein Glückstagebuch
Sei einfach glücklich
Petra Polk
Petra Polk Verlag
ISBN 978-3-9821968-2-4
Bestellen per E-Mail info@petrapolk.com

Kundengewinnung 4.0
So führt Ihre Kommunikation zum Erfolg
Hrgb. Eva Laspas, Petra Polk
Petra Polk Verlag
978-3-9821968-5-5 (Print)
978-3-9821968-6-2 (eBook)

Erfolg mit Networking
Online und offline Kontakte (ver)knüpfen.
Petra Polk
Haufe Verlag POD
ISBN 978-3648122822 (Taschenbuch)
ASIN B07KZY8P8M (EBook)

Power für Frauen
Nehmen Sie ihren Erfolg selbst in die Hand
Petra Polk
WileyVerlag
ISBN 978-3527509683 (Hardcover)
ASIN B081Z9C89G (EBook)

Like
So netzwerken Sie sich an die Spitze
Petra Polk
Goldegg Verlag
ISBN 978-3902991577 (Hardcover)
ASIN B00TXJ3RRM (EBook)

FRAUENWEGE ZUM ERFOLG
So hat sie das gemacht! (1)
Hrgb. Eva-Maria Popp, Petra Polk
Verlag basic erfolgsmanagement
ISBN 978-3944987026 (Hardcover)

FRAUENWEGE ZUM ERFOLG
So hat sie das gemacht! (2)
Hrgb. Eva-Maria Popp, Petra Polk
Verlag basic erfolgsmanagement
ISBN 978-3944987194 (Hardcover)

Unwiderstehlich Leben: Wie du als Frau mit Online-Marketing erfolgreich bist
Mara Stix
ISBN 978-3902969231

30 Minuten: Die geschliffene Rede
Katja Kerschgens
ISBN 978-3869364902 (Taschenbuch)
ASIN B00B7PDZYK (eBook)

Printed in Poland
by Amazon Fulfillment
Poland Sp. z o.o., Wrocław
25 January 2024

962d1e32-803d-449a-a15e-279f07865912R01